열목어 눈에는
열이 없다

국립중앙도서관 출판시도서목록(CIP)

열목어 눈에는 열이 없다 / 권오길. — 서울 : 지성사, 2003
p. ; cm

ISBN 89-7889-092-X 03490 : \12000

497.05-KDC4
597-DDC21   CIP2003001695

열목어 눈에는 열이 없다

권오길 지음

지성사

열목어 눈에는 열이 없다

지 은 이 권오길
2003년 12월 22일 초판 1쇄 발행
2005년 10월 15일 초판 2쇄 발행

편집주간 김선정
편   집 여미숙, 이지혜, 조현경
디 자 인 임소영, 이유나
마 케 팅 권장규

펴 낸 이 이원중
펴 낸 곳 지성사
출판등록일 1993년 12월 9일
등록번호 제10 - 916호
주   소 (121 - 854) 서울시 마포구 신수동 88 - 131호
전   화 (02) 716 - 4858
팩   스 (02) 716 - 4859
홈 페 이 지 www.jisungsa.co.kr
이 메 일 jisungsa@hanmail.net

ISBN 89-7889-092-X(03490)

머리말

"이 세상에서 고생하지 않고 얻을 수 있는 것은 없다. 그러나 남이 고생하여 이룩한 것을 쉽게 얻을 수는 있는데 그게 바로 독서다." 그 옛날 소크라테스가 한 말이란다. 다 아는 이야기지만, 책을 가까이 두면 마음속에 푸른 숲을 두는 것과 같다고 했다. 밥이나 음식이 물질적인 에너지 공급원이라면 책은 분명히 정신적 에너지를 제공한다. 음식의 효용은 잠시지만 책의 쓰임새는 평생을 간다는 말이다.

이런 이야기를 길게 늘어놓는 것은 딴 데 있지 않다. 필자에겐 책 쓰는 것이 업(業)이요 몫일 수밖에 없기에, 또 글을 쓰고 읽는 것에 마음이 가기에 그렇다. 교수로서 말품, 글품을 팔아서 꾸려온 내 인생이라 더욱 그렇다. 독자들에게 일 년에 한 권씩 생물 수필을 쓰겠다고 약속한 적이 있다. 약속은 지켜야 약속인데, "생명은 다해도 책은 남는다."는 말에 현혹되어 만용을 부렸던 모양이다. 아직까지는 종종걸음으로 살아오면서도 가능했는데, 언제 투필(投筆)할지 모르는 상황, 그러나 최선을 다할 것이다. 열렬하고 열혈(熱血)한 애독자가 있는 한, 흘릴 땀이 없을 때까지 말이다. 아무리 어려운 일을 당해도 뜻이 흔들리지 않는 사람을 비유하여 질풍경초(疾風勁草)라 하던가.

어떤 이는 책 쓰기를 교향곡 만들기와 같다고 했다. 작가는 작곡가라는 말이겠다. 일견(一見) 마음에 내키는 글쓰기가 어렵다는 뜻이리라. 글은 곧 그 사람이라 하지 않는가. 글에 그 사람의 인생관과 경험이 밴 것은 누가 뭐라 해도 사실이다. 경험도 한계가 있는 법. 사람이 수량 풍부한 샘(泉)이 아닐진대 글이 어디서 술술 끊임없이 나오겠는가. 얼마쯤 우려먹고 나면 글감이 달린다. 이쯤 되면 끼적거릴 게 없어 말 그대로 글 감옥에 갇히게 된다.

여태 낸 책은 한마디로 '잡탕', 이것저것 주제 여럿을 묶(섞)어 만들었다. 그러나 이번 이 책은 오직 물고기, 그것도 민물에 사는 담수어(淡水魚)만을 대상으로 한 것이 특징이라면 특징이다. 류시화의 애틋한 사랑의 시 「외눈박이 물고기」를 시작으로 하여, 조창인의 애절한 부정을 다룬 「가시고기」도 분석하고 해석했다. '비목'은 이끼 낀 골짜기에 나뒹그러진 화약 냄새 풍기는 비목이 아니고, 바다에 나는 넙치 무리를 비목어(比目魚)라 한다. 가시고기 중에는 집을 잘 짓는 귀신도 있지만 그렇지 못한 등신도 있다. 무능한 남자는 등신 가시고기라는 것도 느끼게 될 것이고.

그리고 물고기의 사랑이 결코 인간의 그것에 못지않음을 여러 곳에서 강조했다. 그들의 발생, 생태, 생리에다 특성 등을 넓고 깊게 다루어, 나름대로는 색다른 책을 만들어보겠다고 온 힘을 다 쏟았다. 특히 멸종 직전인 물고기와 이미 우리 자연에 동화된 외래종 물고기에 대한 상도 나름대로 언급했다. 열목어 눈에 열이 있다고 생각하는 선입관을 바꾸는 계기도 될 것이다. 효자동에 효자 없고, 적선동에 돈 없다고 하던가. 아무튼 자연은 있는 그대로 봐야 한다는 것이다. 또 자연의 입장에서 우리를 보아야 시심

(詩心)이 우러난다. 그리고 이 책을 읽고 나서 강에 뛰노는 물고기의 세상을 다르게 보는 눈을 갖게 되길 바라는 마음 또한 간절하다. 세상은 아는 것만큼 보이고, 보이는 것만큼 느낀다니 말이다.

이 책 곳곳에 언급하였지만, 이 글을 쓰는 데 어류(魚類)를 전공한 여러 제자들의 도움을 많이 받았다. 고맙게 생각하고, 일전에 세상을 떠나신 스승 최기철(崔基哲) 선생님을 그리는 마음도 여기에 녹아 있다. 선생님이 못다 쓰신 물고기 이야기를 제자가 덧붙인다는 뜻이다. 우리 선생님의 명복(冥福)을 두 손 모아 비는 바이다.

2003년 12월 권오길

차 례

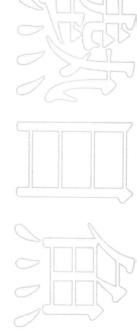

열목어 눈에는
열이 없다

외눈박이 물고기처럼 살고 싶다

외눈박이 물고기처럼

사랑하고 싶다

두눈박이 물고기처럼 세상을 살기 위해

평생을 두 마리가 함께 붙어 다녔다는

외눈박이 물고기 비목처럼

사랑하고 싶다

우리에게 시간은 충분했다. 그러나

우리는 그만큼 사랑하지 않았을 뿐

외눈박이 물고기처럼

그렇게 살고 싶다

혼자 있으면

그 혼자 있음이 금방 들켜 버리는

외눈박이 물고기 비목처럼

목숨을 다해 사랑하고 싶다

(류시화의 「외눈박이 물고기의 사랑」)

　멋들어진 사랑의 시다! 평생을 두 마리가 함께 붙어다녀야 하는 물고기를 닮고 싶다는 시인의 애절(哀絶)한 영혼이 스며 있기에 더욱 그러허다. 과연 시인은 언어의 예술사임에 틀림없다. 어쩜 저렇게 아름다운 글을 그려내는 것일까. 슬픔을 기쁨으로 느끼게 하는 마술사다. "굽은 나무 선산 지키고 병신 효자 노릇 한다."는 말이 있듯이, 아무래도 더없이 궁핍하고 남다른 몸피를 가져야 새하얀 사랑, 맑은 정, 달차근한 만남 들을 펼 수가 있는 모양이다. 슬픔은 언제나 사랑을 잉태한다.

　필자도 위의 시를 여러 번 접했다. 그러면서도 '비목'의 의미를 따지려 들지 않고, 그러려니 하고 건성으로 넘겨버렸다, 내가 즐겨 부르는 노래, 초연(硝煙)이 스쳐간 깊은 계곡에 긴긴 세월 지나 이끼 되어 누워 있는 이름 모를 '비목'의 그것 정도로 여기고선. 나중에야 그것이 비목어(比目魚)의 '비목(比目)'임을 알았다. 아는 것만큼 보이고, 보이는 것만큼 느낀다더니만 '눈이 나란한 고기', 즉 외눈박이 눈임을 알고 봤더니 훨씬 시구(詩句)가 가까이 다가왔다. 애꿎게도 둘이 다 눈이 하나씩밖에 없으니 암수가 나란히 하나로 모여야 온전한 구실을 할 수가 있다. 때문에 뗄 수 없는 부부(애인)간의 사랑을 비유한다. 나 진정 사랑할 수 있는 이 어디 있다면 눈 하나를 빼어버리겠노라! 근사한 사랑 한번 하고 죽고 싶다는 말이겠지. 늙은이가 부질없는 소리를? 늙었다 늙었다 하지 마라, 늙는 것이 더없이 서럽다. 그러나 지는 꽃의 향기가 더 진하다고 하지 않는가! 꽃은 지고 말지만 탐스런 열매를 남긴다.

헌데, 세상에 눈이 하나뿐인 물고기가 있을라고? 벌써 억센 놈한테 잡혀 먹히고 말았지. 물고기 세상 또한 약육강식이 밑바닥을 깔고 있으니 말이다. 어디 물고기 늙어 죽는 것 봤나, 힘이 조금만 빠졌다 싶으면 어느 귀신이 알아차리고 잽싸게 잡아 먹어버리지. 비목어는 다름 아닌 가자미목(目)에 드는 바닷물고기를 이른다. 횟감으로 가장 자주 오르는 도다리와 가자미, 서대(기), 넙치〔廣魚〕등이 굳이 따진다면 비목어다. 이것들의 특징을 우리는 잘 알고 있다. 몸이 상하로 납작하고, 그래서 한쪽으로 두 눈이 다 몰려 있다. 수정란이 발생(난할)하면서 일정한 시기에 이르면 눈이 될 부위가 한곳으로 이동하는 유전자를 가지고 있다는 말이다. 좌광우도라고, 왼쪽에 두 눈이 달라붙은 것이 광어(넙치)와 서대(기)요, 오른쪽으로 몰린 것이 도다리와 가자미다. 아무튼 한쪽에 두 눈이 쏠려 있어 하나나 다름없다고 보아 비목이라 불렀다고 해놓자.

『어류도감』을 들여다보니 듣도 보도 못한 외눈박이들이 꽤나 많다. 결국 둘 다 눈이 하늘을 향하는 것은 다름없다. 그래서 물을 향한 등은 보호색인 바다색을 띠고, 배 바닥은 흰색에 가까운 색을 띤다. 엎어놓은 접시 아래에는 해가 들지 못한다고 하지 않던가.

그런데, 이런 비련(悲戀), 슬픈 사랑이야기는 비목어에서 멈추지 않는다. 정녕 눈물은 사랑의 샘에서 나온다. 더더욱 애련(哀戀)한 이야기가 이어진다. 비익조(比翼鳥)라는 새다. 암컷 수컷이 눈과 날개가 하나씩이라 짝을 짓지 않으면 날지 못한다. 비목어는 지느러미 반쪽이 날아가지는 않았다. 한 눈으로나마 여기저기 다닐 수 있지 않던

가. 비익조는 혼자서는 절대로 양쪽을 다 보지도 날지도 못한다. 남녀의 지극한 사랑은 이래야 한다. 옛 어른들이 결혼을 두고 한 말 '이성지합(二姓之合)', 두 성이 하나가 된다는 의미와 상통한다. 아무튼 하나가 되어야 한다는 점은 비익조나 사람이나 매한가지다. 나는 새가 되어, 눈 뽑고 날개 분질러 짝 이룰 참 새를 만나봤으면……, 죽어도 아니 후회하련만. 하룻밤이라도 좋다 이거지. 지어낸 이야기도 이야기요, 전설상의 새도 새다! 산과 같은 넓은 아량, 숲과 같은 푸른 마음, 흙과 같은 헌신이 진정 사랑일진대…….

산길을 가다보면 길섶에서 이상한 나무를 만난다. 같은 수종(樹種)의 두 나무 밑둥치가 찰싹 달라붙어 누가 봐도 쌍둥이다. 둘은 제 몸의 반을 잃어서 한 나무처럼 보이기도 한다. 외손자 녀석은 그 나무를 볼 때마다 '친구나무'라고 부르면서 오른 손으로 쓱 만지고 지나친다. 밤낮, 늙어 죽을 때까지 그렇게 서로 의지하며 살아갈 것이니 그 이상의 지음(知音)은 없으렷다. 그런가 하면 드물지만 부부 나무를 본다. 참 신기한 일이다. 어찌하여 두 나무 사이를 나뭇가지 하나가 떡하니 잇고 있는 것일까. 연리지(連理枝)라는 것이다. 한 나무의 가지가 다른 나무의 가지에 맞닿아서 숨결이 서로 통하고 있으니, 역시 화목하고 다정한 부부나 남녀 사이를 비유한 말이다. 사람들이 나뭇가지를 비틀고 묶고 자르고 서로 연잇고 하여 마음대로 나무 꼴을 만들기도 하지만, 저절로 두 가지 끝이 만나서 하나 되는 것은 아주아주 드문 경우다. 형제자매를 '연지(連枝)'라고도 하는데, 이것 또한 서로 이어진 나뭇가지가 아니던가. 떼지 못할 가지라면 사랑으로 품어줄지어다.

연리지 이야기를 하다 보니 엉뚱한 생각이 떠오르는 것은 왜일까.

앞에 쌍둥이란 말이 있었다. 중동의 이란에 살았던 샴쌍둥이(Siamese twins) 비자니 자매(라단, 랄레) 말이다. 머리 한쪽이 서로 붙어서 태어나 29년간을 일거수일투족을 같이하지 않을 수 없었던 두 사람. 랄레는 기자가, 라단은 법률가가 되는 것이 꿈이었단다. 수정란이 난할(분열)을 하다가 2세포기에 어쩌다 그만 두 세포로 갈리니 이것이 일란성쌍둥이(identical twins)인데, 얄궂게도 샴쌍둥이는 둘이 완전히 갈라지지 못하고 일부가 붙어서 태어난 것이다. 언니 동생이 없다. 둘이 동시에 태어났으니. 일란성인 경우엔 5분 먼저 나오면 형이요 언니지만 말이다. 어쨌거나 인간 연리지가 샴쌍둥이가 아닌가. 차라리 움직이지 않고 한자리에 눌러 붙어 사는 나무로 태어났다면 오죽 좋았을까마는. 자고, 세수하고, 학교 다니고, 밥 먹고 지내는 것이 얼마나 불편하였을까. 나는 잠이 오지 않는데 옆에서는 자자고 조르기도 했을 것이고, 더러는 토라지기도 하고. 아뜩한 공허함이 엄습해 오누나. 떨어져 사는 것이 소원이라, 둘은 싱가포르에서 50시간에 걸쳐 머리 분리 수술을 받다가 그만 과도한 출혈로 숨지고 말았다. 몸 하나 제 마음대로 움직여 가고 싶은 데 갈 수 있는 것도 무한한 행복이다.

같은 병원에서, 엉덩이가 붙은 채 태어난 한국의 샴쌍둥이 자매 사랑이와 지혜가 최근 분리 수술을 받고 지금 회복 중이다. 수술이 일단은 잘되었다고 한다. 이제 둘은 생후 넉 달 만에 서로 마주 보고 웃을 수 있게 되었다! 무슨 조물주의 장난인가. 이런 아픔은 만들지나 말 것을. 한 몸에(팔 둘에 다리 둘, 몸통 하나) 머리만 두 개인 합체(合體, conjoined baby)도 더러 태어난다니……

여기서 '샴(Siam)'이란 태국의 옛 이름으로 샴 왕국 시대의 이름이다. 1811년 태국에서 가슴이 붙은 쌍둥이가 태어났다. 창과 엥이란 이름의 이 형제 쌍둥이는 열여덟 살에 미국으로 건너가서 시민권을 얻고 결혼도 하였고 63살에 죽었는데, 세상에! 자식을 스물한 명이나 두었다고 한다. 자식을 만드는 과정도 궁금하기 짝이 없구나!? 이들은 미국의 흥행사에 팔려가서 영국, 미국을 넘나들며 3년간 인기를 끌었다고 한다. 보통 샴쌍둥이는 몸은 둘이지만 심장이 하나인 경우가 많아서 분리 수술을 해도 한 아이는 희생되어야 하는 어려움이 있다. 선택을 해야 한다는 말인데(그냥 두면 머지않아 둘 다 죽고 만다) 이게 다름 아닌 '솔로몬의 재판'인 셈이다.

아무튼 비목어, 비익조, 연리지 어느 것 하나 제대로 되지 못했으면서도 상대를 설잡지 않는 공통점이 있다. 그들은 하나같이 남을 먼저 생각하고 남을 나보다 더 아끼는 무아주의(無我主義), 즉 애타심(愛他心)에 눈을 뜨라고 타이르고 있다. 셋 다 남을 내 위에 두는 하심(下心)을 실행하라고 뼈아픈 바늘 침을 주는 것이다! 사랑이란 상대의 모자람을 메워주는 보완의 미덕에 있다고 일러주는, 짜릿한 깨우침을 주는 이야기들이다. 한마디로 무아애(無我愛), 나를 떠난 참되고 순결한 사랑을 하라고 한다. 님이여, 이 마음 온통 님에게 쏠려 나를 잊고 있나이다! 허나,

"마음, 마음, 마음이여
알 수가 없구나.
너그러울 때는 온 세상을
다 받아들이다가
한 번 옹졸해지면 바늘 하나
꽂을 자리가 없으니."(달마 「혈맥론(血脈論)」)

불구(佛具)인 목탁(木鐸)이나 목어(木魚), 처마 끝에 대롱대롱 매달려 바람소리 들려주는 풍경(風磬)이 예의 물고기 형태다. 초대 교회의 심벌 또한 물고기가 아닌가. 장수(將帥)의 갑옷에도 수많은 비늘이 달려 있다. 물고기는 다른 말로 어류(魚類)요 생선이다. 어류의 특징은 무엇보다 물속에 산다는 것이요, 물에서 산다는 것은 아가미라는 호흡기관이 있기에 가능하다. 그리고 몸을 비늘로 덮어 보호하고 지느러미를 움직여서 자리를 옮긴다. 많은 물고기가 떼(school)를 짓는다. 그러므로 공격해 오는 적을 빨리 보고 피할 수 있고, 또한 암수가 같이 있어서 짝짓기가 쉽다. 암놈이 알을 낳으면 단박에 거기에 씨를 흩뿌리니 짝을 찾는 데 드는 노력 또한 줄일 수 있다.

헌데 물고기가 사는 물을, 사람들은 몸을 씻거나 목을 축이는 것으로, 물고기는 집으로 생각한다. 신은 은총의 감로수로, 아수라는 무기로, 아귀는 고름이나 썩은 피로, 지옥인은 끓어오르는 용암으로 본다. 아련한 기억으로 쓴 물의 의미다. 그러나 이제, 그 총명(?)하던 내 기억력도 망각의 벌레가 파먹어서 안경을 들고 안경을 찾는다. 철딱서니 없기론 예나 크게 다르지 않는데, 허섭스레기가 다 되어간다?

무엇보다 물고기는 눈을 감지 않는다. 잘 때도 두 눈을 뜨고 잔다. 잠자지 말고 언제나 깨어 있으라는 의미가 의당 목탁, 목어, 풍경에 스며 있다. 목어나 풍경은 엇눈으로 봐도 물고기를 닮았다. 그러나 목탁은 잘 봐야 그 닮음을 알 수가 있다. 둥그런 몸통에 뚱그런 구멍이 둘 있으니 그것이 물고기 눈이요, 그 손잡이는 바로 꼬리지느러미다. 땅땅땅! 잠들지 말고 깨어 쉼 없이 맹진(猛進)하여 도(道)를 닦을지어다! 바람에 흔들려 '땡그랑, 땡그랑!' 풍경이 때려내는 은은함은 산사의 정적을 깨뜨린다. 뿐만 아니라 깜빡 조는 도승(道僧)의 낮잠을 쫓기도 한다. 낙명(落命)의 날이 코앞에 다가오는 지금, 나는 뭘 하고 있는가? 소태 같은 쓴 세월을 다 보냈다고는 하지만 아직도 마음엔 굳은살 박이지 못해 평상심(平常心)을 못 찾고 있으니.

여기서 목어와 목탁의 내력을 좀 보자. 큰 나무를 1미터 길이로 잉어 모양으로 속을 파내고 만든 것이 아침저녁 예불 때와 경전 읽을 때 두드리는 목어다. 목어는 중국의 참선하는 절에서 아침 죽 먹는 때와 낮에 밥 먹는 시각을 알리는 데 쓰던 것으로, 고기처럼 길고 곧게 만든 것이 원래 모양이다. 이것은 수행에 임하는 수도자들이 잠을 줄이고 물고기 닮아 부지런히 깨우침(覺)을 향해 정진하라는 뜻을 갖고 있다. 이 목어가 차츰 모양이 변하여 지금 불교의식에서 널리 사용하는 불구 중의 하나인 목탁이 되었다. 그리고 목어는, 처음의 단순하던 물고기 모양에서 차츰 용머리에 물고기 몸을 가진 용두어신(龍頭魚身)의 형태로 변신하고 드디어는 입에 여의주를 문 모습으로 화했는데, 이는 잉어가 용으로 변한다는 어변성룡(魚變成龍)을 표현한 것이며, 곧 해탈을 의미한다. 해탈이라! 속박에서 벗어나 속세간의 근심 없는 편안한 마음이 해탈한 경지요, 그곳이 곧 열반이다. 언제 아야실달(我也悉達), 나는 모두를 깨쳤노라! 언제 깨달은 사람이 되어 본담. 아니 그 근처에라도.

불교의 경전은 목어가 생겨난 유래에 관하여 다음과 같은 재미있는 이야기를 전한다.

옛날 어느 절에 덕이 높은 승려가 제자 몇몇을 가르치면서 살고 있었다. 대부분의 제자들은 가르침에 따라 힘써 도를 닦았으나, 유독 한 제자는 스승의 가르침을 어기고 제멋대로 행동할 뿐 아니라, 계율이란 계율은 모조리 어기면서 망나니짓을 하였다. 그러던 그가 어쩌다 몹쓸 병에 걸려 일찍 죽게 되었고, 다음 생에서는 업보를 받아 물고기로 태어나게 되었다. 그것도 등에 커다란 나무가 솟은 물고기로. 헤엄치기가 여간 힘들었을 뿐 아니라, 바람이 불어 물결이 칠 때마다 그 나무가 흔들려서 말로 다할 수 없는 고통을 당해야만 했다.

하루는 그 스승이 배를 타고 강을 건너는데 등에 커다란 나무가 솟은 물고기가 뱃전에 머리를 들이대고 슬피 우는 것이었다. 스승이 깊은 선정(禪定, 참선하여 삼매경에 이름)에 들어가 그 물고기의 전생을 살펴보니, 자기의 가르침을 멀리하고 방탕한 생활을 일삼다가 일찍 죽은 과거의 바로 그 제자였다. 너무나 가여운 마음에 그 스승은 고통에 처한 제자를 위하여 뭍이나 물에서 사는 미물과 함께 외로운 영혼들을 천도(薦度)하는 법회인 수륙재(水陸齋)를 베풀어서 제자를 물고기의 몸으로부터 벗어나게 해주었다.

그날 밤 스승의 꿈에 물고기의 몸을 벗은 제자가 나타나서(사랑하면 보인다!) 감사를 올림과 함께 다음 생에서는 참다운 발심(發心, 보리심을 일으킴)으로 바르게 정진할 것을 다짐하고, 자신의 등에 난 나무를 베어 물고기 형상을 만들어서 막대로 땅땅 쳐줄 것을 청하였다. 그러면 수행자들이 자신의 이야기로써 교훈을 삼을 것이고, 아울러 강이나 바다에 사는 물고기들이 그 소리를 듣고 해탈할 수 있는 연을 삼을 것이라 하였다. 스승은 그 부탁에 따라 나무를 베어 물고기 모양을 한 목어를 만들어 침으로써 경각심을 불러일으킬 수가 있었다. 절에 그 목어가 있는 뜻은 주지하다시피 수행자로 하여금 잠을 멀리하고 수도에 정진하라는 뜻. 곧 그것을 두드려 수행자가 혼침(昏沈, 정신이 아주 혼미해짐)에 드는 것을 경책(警策, 정신을 차리도록 꾸짖음)하기 위해서다. 혹은 그 목어를 두드려 그 소리로써 물 밑 세계에 사는 모든 중생들을 제도하기 위해서다.

이 목어의 형태가 처음에는 단단한 물고기 모습이었으나, 세월이 흐르면서 차츰 용머리에 물고기 몸을 취한 용두어신으로 되었고, 그 용은 흔히 입에 여의주를 물고 있는데, 이는 『후한서(後漢書)』에 있는 「등용문(登龍門)」의 고사(故事)가 윤색된 것으로 본다. 곧, 복숭아꽃이 필 무렵 황하(黃河)의 잉어들은 거센 물살을 거슬러 상류로 오르다가 용문(龍門)에 이르러 그 거칠고 가파른 협곡을 뛰어올라야 하는데, 거의가 실패를 하지만 요행히 성공한 잉어는 용으로 화한다는 전설이 있다. 불도(佛道)에 들어 깨달음에 이르는 것 또한 그와 같은 어변성룡일 것이리라 생각하여 변형되었을 것으로 보고 있다.

"눈을 떠라, 눈을 떠라. 물고기처럼 항상 눈을 뜨고 있어라. 깨어 있어라. 언제나 혼침과 산란에서 깨어나 일심으로 살아라. 그와 같은 삶이라면 너도 살고 남도 살리고, 너도 깨닫고 남도 능히 깨우쳐줄 수 있을 것이니……."

그리고 독자들은 자동차 꽁무니에 붙어 있는 물고기 형상의 그 무엇을 자주 봐왔을 것이다. 나는 '기독교 신자'라는 것을 알려주는 것이다. 기독교와 물고기는 어떤 관련이 있을까. 초대 교회시대에 로마는 무척 기독교를 박해하였다. 이때 사람들은 지하 공동묘지인 카타콤(catacomb) 등에서 숨어 지냈는데, 그리스도인이라는 신분을 밝힐 때 물고기 그림을 보이거나 물고기 모형의 조각품을 내밀었다고 하며, 또 몰래 땅바닥에 물고기 그림을 그리기도 했다고 한다. 필자도 로마에 가서 보았다. 상상을 초월하는 순교적인 산물이 카타콤이었다. 지하 카타콤 미로(迷路)를 안내하는 그림도 물고기로 표시하였다고 하니 물고기가 일종의 암호였던 것이다. 지금은 십자가가 기독교의 상징이지만 처음엔 물고기였다는 말이다. 지금, 기독교가 세계의 종교로 되어온 데는 수많은 순교자가 있었구나. 물 위에 뜬 백조만 보지 말고 그 아래 물갈퀴를 보라.

다음은 장군의 갑옷이다. 장수의 갑의(甲衣)에는 으레 물고기 비늘이 온통 주렁주렁 달려 있다. 햇볕에 반사되면 보는 사람의 눈이 부시다. 물속 피라미와 갈겨니도 가끔씩 몸을 기울여 햇살에 몸(각도)을 맞춰 번쩍번쩍 은백색을 쏘아댄다. 피라미처럼 체색이 밝은 물고기는 하나같이 주행성이고 메기같이 흐린 것은 틀림없는 야행성이다. 어쨌거나 갑옷 입은 장수는 물고기요, 물고기 중에서도 대장 물고기를 이른다. 역시 밤낮 눈을 뜨고 적에 대한 경계를 멈추지 말며 그 많은 졸개를 잘 인도하라는 뜻이리라. 어디 전쟁을 지휘하는 장수만 물고기가 되어야 하는가. 우리들 선생도 또 녹봉(祿俸)으로 먹고사는 모든 이들이 물고기가 될지어다. 월급 타령할 계제(階梯)가 못 된다. 무상(無上)의 기쁨은 고통의 심해에 감춰져 있다고 하지 않는가.

사실 물고기가 인류 역사와 동행해 왔다는 것은 다 아는 사실이다. 바닷가는 말할 필요가 없고, 강가에 문화의 둥지를 틀었던 것은 물고기를 먹고 살았다는 증거다. 그 옛날 그 시절엔 사람이 많지 않았다. 몽둥이 하나 메고 나가서 가만히 물속을 쳐다보고 있다가 이놈이다 하고 내려치면 팔뚝만 한 것이 널브러졌을 것이다. 그러다가 작살을 만들어서 찔러 잡는 쪽으로 변해 갔을 것이고. 그물이나 반두나 족대는 세월을 겪으면서 머리에서 나온 것이고. 강이 없고 따라서 물고기가 없었다면 우리 문화는 어떤 방향으로 흘렀을까? 지금도 그렇다. 우리 밥상에 오르는 반찬에서 어패류(魚貝類)가 차지하는 몫이 어떤가를 생각해보라. 여기서 어패류의 '패'는 조개나 고둥 모두를 모아 일컫는다. 어시장에 즐비하게 드러누운 생선과 함지에 쌓인 조개더미가 무얼 말하는지 설명이 필요 없다.

여기 이야기는 오직 민물에 머물러 있지만 이것은 곁가지에 지나지 않는다. 부증불감(不增不減), 늘지도 줄지도 않는 저 광활한 바다에 사는 물고기로 들어가면 이야기는 끝없이 이어진다. 바닷물고기를 누가 더 많이 잡느냐가 선·후진국을 가름하는 잣대가 되고 말았으니 말이다. 바다도 주인 나라가 다 있어서 함부로 들어가지 못하고 돈을 내어야 한다. 단백질 공급에 어류가 차지하는 비율이 엄청나다. 아무 생각 없이 먹는 물고기 한 마리에 대한 감사를 우리는 잊지 말자. 그 물고기 중에는 류시화 시인이 읊은 비목어도 있을 터인데……. 놈들을 잡아먹는 데 열을 올리는 사람이지만 그 물고기에서 사랑을 찾는 것도 사람이다. 전자가 육신을 위한 양분이라면 뒤의 것은 영혼의 살이다. 인간은 몸으로만 살지 못하는 동물인가 보다!

　피카소의 작품 하나가 우리 눈을 끈다. "예술은 절대로 정숙하지 않아서, 결국 남는 것은 사랑이다."라고 갈파한 전설적인 화가가 밥상에서도 익살을 떤다. 천재 피카소는 '예술, 괴물, 광대'로도 불린다. 그런데 그는 지독하게도 '성(sex)'이라는 주제에 집착하였다고 한다. 그 양반이 입에 물고 있는 물고기 뼈 사진 말이다. 절로 웃음이 난다. 웃음은 가난도 녹인다고 했던가. 아무튼 예술가의 혼은 먹다 버리는 생선 뼈다귀에도 파고든다! 생선 한 마리의 살을 일일이 마음 써서 볼가(발라) 먹고 나서 그것을 진흙 덩어리에다 꼭 눌러 박아 흔적을 남겼으니 그것이 곧 물고기화석처럼 보인다. 이거야말로 꿩 먹고 알 먹고다. 알을 품고 있는 암꿩은 여간해서 도망을 가지 않으니 꿩도 알도 다 먹는다는 이야기다.

　생선뼈를 목에 걸리는 가시로 여기지 않고 혼을 불어넣을 소재로 보는 유별난 눈을 닮아볼 것이다. 어디 그뿐인가. 한 눈을 잃은 물고기에서 시심(詩心)을 찾는 시인의 마음은 예술의 원적(原籍)일 터. 부럽다. 인생의 끝자락〔老境〕에도 그게 그리 어렵구려. 세상만사를 눈으로만 보지 마음으로 읽지를 못하니 말일세. 예술가는 아무나 되는 것이 아니지. 우주 같은 광대유전자를 물려받아야 하는 것. 예술가의 넋은 죽음을 즐긴다던가……. 다음 글은 몽테뉴가 거침없이 쏟아낸 말이다.

　"죽음을 낯설게 여기지 말라.

죽음과 자주 접해야

죽음에 익숙해져야

죽음을 마음으로 자주 생각해야

죽음을 몸에 익히는 것은 자유를 실습하는 것.

그렇지 못하면 살아 있는 시체일 뿐이다."

　　지구에 살고 있는 물고기는 무려 24,600종이
넘으며, 다른 척추동물(양서류, 파충류, 조류, 포유류)
을 몽땅 합한다 해도 이 숫자에는 턱도 없다. 종(種,
species) 수가 거기에 못 미친다는 말이다. 참고로, 우
리나라에 서식하는 생물은(물론 세균 등의 미생물은
분류를 다 못 해서 여기서 빠짐) 모두 합쳐 25,530종이
고, 그 중에서 한국(북한 제외)에만 사는 고유종(흔히
재래종, 토종, 특산종이라고도 함)은 2,356종이라고 한
다. 전체의 9.2퍼센트가 이 세계에서 한국에만 사는
고유종이라는 계산이 된다. 고유종 중에서도 고등
식물이 17.8퍼센트, 곤충이 9.2퍼센트, 양서·파충류
가 24.3퍼센트, 물고기는 얼룩동사리·퉁가리 등 6.5
퍼센트다.

　　아무튼 물이 살기가 좋기는 좋은 모양이다. 겨울

이 와도 여간해서 얼지 않지 여름엔 더없이 서늘하지…… 힘 덜 들여도 둥둥 뜨지, 그럴 만도 하다. 땅에 사는 동물들은 겨울 추위에 여름 찜통더위에 겨우겨우 목숨을 부지하는데…… 들쑥날쑥 않고 안정된 환경이 물이다. 그러나 강물이나 호수 등 세계의 수계(水系)가 산업화로 몸살을 앓는지라 그리 안전하지만은 않다. 쪽빛 바다도 엘니뇨가 어쩌고 하여 불안한 조짐을 보이고, 지구의 어느 구석도 생명의 신음소리가 들리지 않는 곳이 없다.

물론 물고기도 제일 먼저 바다에서 생겨나서 민물과 짠물이 섞이는 기수를 지나 민물로 올라왔다. 물은 공기에 비하면 약 800배나 밀도가 높다. 그것을 밀치고 돌진하거나 회전할 수 있는 것은 지느러미 덕이다. 지느러미가 없는 물고기는 상상하기 어렵다. 지느러미 말고도 부레에 공기를 집어넣으면 부력을 받아 떠오르기도 하니 멋지게 적응한 네가 부럽구나. 오죽했으면 고래, 물개, 바다사자 등의 포유류가 다시 바다로 기어들었겠는가. 바다에서 땅으로, 뭍에서 다시 바다로 들어간 것을 재적응(再適應)했다고 한다. 우리도 자궁에서 280일을 양수라는 물에 살아봤기에 물이 좋은 줄 안다. 그래서 덥다 싶으면 달려가 '바다 양수'에 몸을 담그는 것이리라. 맹물인 목욕탕도 그렇게 좋은데 양수 닮은 짠물임에야 더 말해서 뭘 하겠는가.

물고기의 조상은 갑주어(甲胄魚)다. 몸 바깥은 두꺼운 껍데기(甲)로 덮여 있고, 머리는 방패꼴 껍데기로 둘러싸여 있다. 대부분 2~3센티미터밖에 안되는 아주 작은 물고기지만 어떤 것은 2미터나 되는 것도 있고, 생김새는 모두 다 화석으로만 추정할 뿐이다. 갑주어는 고생대 실루리아기에서 데본기까지 번성했다가 사라진(절멸한) 어류다. 생자필멸(生者必滅)! 일단 태어나면 죽어야 하는 것인데, 자칫 잘못하면 우리도 내일 모레 어느 날 절멸할지 모르니, 서로 아끼고 섬기며 사는 법이 없을까.

이렇게 어언 4억 년이 훨씬 넘도록 살아온 물고기다. 억겁의 세월을 살아온 어류! 2십여 만 년 전에 우리 인간이 태어났다고 친다면 얼마나 이른 때 그들이 탄생했는지 알 수 있다. 필자가 좋아하는 말, 물고기는 분명 우리의 '대형(大兄)'임에 틀림이 없다. 그 길고 긴 험한 세월을 큰 탈 없이 이겨낸 물고기들에서 우리는 한 수 배워야 한다. 어떻게 지구에 적응하여 살아야 하는가를. 물고기들은 지구 환경에 마냥 순응하여 살아왔지 결단코 지구를 못 살게 굴지 않았다는 것, 그것이 답이다. 서로 아끼고 섬기며 살아왔다. 순천명(順天命)하라! 똑같이 집을 나서지만, 바보는 방황하고 현명한 사람은 여행을 한다던가……

순서대로 보아서, 갑주어 다음에 먹장어나 칠성장어 같은 원구류 ⇒ 상어나 가오리 등의 연골어류 ⇒ 붕어·잉어 같은 경골어류 ⇒ 철갑상어 ⇒ 허파물고기(폐어) 등의 순서로 어류는 진화하였다. 물론 이 어류에서 개구리, 도롱뇽 등의 양서류가 생겨났고. 제행무상, 가만히 있는 것이 없는지라, 지금 이 순간도 물고기는 진화를 하고 있다. 믿을 수도 없고, 믿지 않으려니 께끄름한 것이 진화라는 말이다. 꼭 내키지 않으면 '변화'라고 하면 된다. 변화 없는 진화란 있을 수 없고, 실은 그게 그거다. 분명히 다윈도 동의할 터.

언뜻 독자들은 먹장어와 칠성장어라는 놈이 귀에 설 것이다. 어디 한번 보자. 칠성장어(lamprey)부터 보자. 녀석은 머리 뒤 양쪽에 별 모양의 아가미구멍(아가미뚜껑은 없고)이 7개 있어서 '칠성(七星)장어'란 이름이 붙었다. 턱이 발달하지 못하여 입이 둥글기에 원구류(圓口類)

란 이름이 붙었고. 칠성장어는 강에서 알이 부화하여 자라면서 바다로 내려간다. 바다에서 2~3년 살면서 성체로 자라면 산란을 위해 제가 태어났던 강, 모천(母川)으로 올라온다. 우리나라도 동해안과 남해안에 연한 강에는 칠성장어가 더러 올라온다. 제대로 자란 놈은 50센티미터나 되는데, 모르는 사람은 새끼장어로 보기 쉽다. 그러나 장어에서는 찾아볼 수 없는 일곱 개의 아가미구멍이 있다!

강을 거슬러온 어미 칠성장어는 제일 먼저 수놈이 알 터, 즉 산란장(産卵場)을 만든다. 빨판이 붙은 튼튼한 입으로 자갈을 들치고, 몸통을 세차게 뒤흔들어서(등지느러미와 꼬리지느러미만 있음) 모래나 흙을 파헤친다. 타원형의 둥그런 알 터가 드디어 만들어진다. 사람이나 물고기나 다 자식이 자랄 보금자리 마련과 집짓기는 수컷의 몫이다. 알 터에 들어온 암놈이 바닥에 달라붙으면 수놈이 암놈의 머리 위에 올라탄다. 산란의 시작을 알리는 신호다. 알을 낳으면 정자를 퍼붓고, 정력(精力) 받아 찐득찐득해진 수정란은 바닥에 붙어 물에 쓸려가지 않는다. 알은 얼추 2주 뒤면 깨어난다. 그런데 새끼는 눈곱만큼도 어미를 닮지 않은 딴 꼴을 한다. 그래서 옛날에는 생물학자들이 그것을 다른 생물(종)로 여겨서 따로 분류한 적이 있었다. 유생들은 곧 집을 떠나 도도히 흐르는 강물을 타고 내려가서 적당한 곳에 다다르면 몸을 흙 속에 파묻는다. 흙을 파고 들어간다는 말이다(민물에 평생 사는 칠성장어의 경우). 바다에 사는 종은 힘을 아끼려 물살에 몸을 맡겨 바다에 다다르고 거기서 자란다. 어릴 때는 물에 떠 있는 것들을 먹지만 성체가 되면 딴 물고기에 기생한다. 빨판이 발달한 둥근 입 안에는 딱딱하고 예리한 이빨이 그득 나서, 이것으로 다른 놈의 살에 붙어서 피를 빤다. 보나마나 칠성장어 놈은 소화관이 말이 아니다. 다른 기생충도 다 그렇다. 피를 먹으니 소화관이 튼튼할 필요가 없지 않는가. 쓰지 않으면 어느 것이나 뭉그러지고 만다. 사용하지 않으면 잃는다(use, or lose)! 육신만이 아니다. 마음도, 사랑하는 마음도 용불용설! 물론 피를 빨 때 혈액응고방지물질(항응고물질)을 집어넣어 피가 굳는 것을 막는다. 숙주 물고기는 칠성장어에게 물려 몸에 커다랗고 동그란 상처를 얻고, 심한 경우는 죽기도 한다. 사람이 많이 찾는 곳, 관광지에서 이런 섬뜩한 꼴을 당한다. 수조 속의 하얀 은어 옆구리에 검붉은 자국을! 칠성장어가 분탕질하면서 깨문 피어린 자국이다. 그러고도 살겠다고 살살거리며 먹이 찾아 헤매는 은어가 가엾구나. 강에 뛰놀아야 할 그대들이 창살에 갇혀 사형만을 기다리고 있다니! 벌받아야 마땅한 짐승들……. 욕을 바가지로 얻어먹어도 싸다, 몹쓸 인간 놈들아.

이제 먹장어(hagfish) 차례다. 긴말할 것 없이 우리가 즐겨 구워먹는 곰장어가 먹장어다. 부산 자갈치 시장의 명물이요 명품이 '곰장어 구이'가 아닌가. 먹장어는 담수에 살지 않고 기수나 해수에만 살며, 거의 모두가 아주 깊은 심해에 있다. 아가미구멍이 칠성장어보다 더 많고(종에 따라 조금씩 다름), 세계적으로는 43종이 기재(記載)되어 있다. 먹장어는 갯지렁이, 조개 등을 먹기도 하지만 거개(擧皆)가 죽은 물고기나 죽어가는 고기를 먹는 '바다의 청소부(scavenger)'다. 하여, 곰장어 미끼가 뭔지 추측이 간다.

먹장어는 대부분 깊은 바다에 살다 보니 눈이 퇴화해버렸다. 그러나 후각이 상대적으로 발달하여서 먹이가 어디에 있는지 재빨리 알아낸다. 먹장어는 충격을 받으면 날쌔게 우유색 점액을 듬뿍 분비한다. 온몸에 뽀얀 진을 흠뻑 둘러써버리니, 너무 미끈하여서 다른 동물이 잡아먹질 못한다. 어느 물고기나 다 그런 체액을 분비하지만 이놈은 유별나다. 그런데 아직도 먹장어의 산란, 발생, 유생의 특징 등 생활사가 통 밝혀지지 않았다. 모두가 저 깊은 바다에 살기 때문. 건져 올리면 기압 차로 배가 터지고 눈이 튀어나와서 죽어버리고 마니, 연구다운 연구를 할 수가 없다. 이런 물고기는 번식률 또한 아주 형편없다. 확실하다. 그래서 늦지만 심해어 보호에 들어갔다.

암놈이 수컷의 100배(성비는 ♂/우로 표시함, 그래서 먹장어의 성비는 1:100)가 된다거나, 어떤 것은 알의 크기가 5센티미터 가까이 된다는 등 조각 연구만이 이뤄지고 있다. 아무튼 옛날엔 거들떠보지도 않던 먹장어가 아닌가. 아니, 되레 어부들의 저주를 받던 놈이다. 애써 생선을 잡아놓으면 몰래 살을 다 뜯어먹어버렸으므로 애물단지였다. 그러나 이제는 다르다. 어부들이 안중에도 없던 먹장어 잡기에 눈독을 들이고 있으니, 세계적으로 먹장어를 남획하여 씨가 마를 지경이다. 왜 그들이 먹장어에 쌍심지를 켜는 것일까. 세계의 먹장어는 우리나라 부산항으로 다 들어온다고 한다. 살은 곰장어 구이로 팔고, 껍질은 벗겨서 고급 지갑이나 장갑을 만드는 재료로 쓰기에 그렇다. 먹장어 껍질 가공술도 우리나라가 세계에서 일등! 진퇴양난이로다. 돈은 벌어야겠는데, 보호단체들의 고함소리가 등 뒤에 들려오니.

다음은 상어(shark)나 가오리(ray) 같은 뼈가 물렁한 연골어류(軟骨魚類) 순서다. 연골어류는 세계적으로 약 840종이 되고, 단지 28종만이 민물에 살며 나머지는 모두 바다에 산다. 고래를 제외하면 척추동물 중에서 가장 큰 대형동물로, 몸길이가 무려 12미터나 되는 놈도 있다. 그렇게 큰 놈은 주로 상어다. 상어는 이 책의 15번째 꼭지 「체내수정을 하는 물고기, 상어」에 따로 기술하였으므로 거기서 만나기로 하자.

연골어류의 질소대사물(배설물)은 포유류처럼 요소라는 것과, 아가미뚜껑이 없어서 육안으로 아가미가 훤히 보인다는 것과, 간이 큰 대신에 부레가 없다는 점 등이 특징임을 말해두고 넘어간다. 그런데 연골어류들이 요소를 만드는 것은 생리학적으로 아주 멋들어진 적응이다. 바다에 사는 모든 고기는 바닷물이 체액보다 짙어서 몸이 저장액 상태에 놓여 있다. 즉, 물의 손실이 일어나는 위험을 언제나 안고 있다. 그래서 요소 속의 트리메틸아민 산화물(trimethylamine oxide)은 다른 염류와 결합하여 체액의 삼투압(농도)을 올려 물의 손실을 막아낸다. 다 그럴 만한 사연이 있었구나. 연골어류란 놈이 어째서 포유류처럼 배설물로 요소를 만드나 했더니만. 하기야 우리 몸에도 곳곳에 물렁뼈가 들어 있지 않는가. 아무튼 연골 어류와 사람은 닮은 점이 많다. 사람이 침팬지와는 99퍼센트가 닮았다고 하지 않는가.

덧붙여서, 전기가오리(electric ray)라는 물고기다. 놈은 크게 외부자극을 받으면 1킬로와트의 전류를 흘린다. 발전기관이 몸의 거의 전부를 차지할 정돈데, 발전기관을 구성하는 세포는 원반 모양의 다핵(多核) 세포로 이것들을 동시에 발전시켜 먹이를 죽이고 잡아먹는다. 어째서 저는 전기를 타지 않고 고압전류를 흘린단 말인가?

우리는 지금 어류의 발달(진화) 순서에 따라 그들을 조금씩 훔쳐보고 있다.

이제는 물고기의 96퍼센트를 차지하는 경골어류(硬骨魚類) 차례다. 연골어류의 뼈가 물렁하다면 이들 뼈는 아주 딱딱하다(bony fish라 함). 이 물고기는 아가미뚜껑이 있어서 이것을 열었다 닫았다 한다. 그것을 벌렁거려 아가미에 물이 잘 통하도록 한다. 물론 그때 입을 여닫아서 도와주어야 한다. 물고기는 아가미로 호흡을 하기에 한시도 물이 아기미로 흐르지 않으면 안 된다. 우리가 숨을 잇달아 쉬어야 하듯이 말이다. 식도에서 생겨난 부레(swim bladder) 또한 숨쉬기를 간접적으로 돕고 몸을 띄우고 가라앉히는 부침(浮沈)에 관여한다. 비늘(scale)은 살갗을 덮어 보호하고, 몸 옆 줄〔側線〕은 수온, 수류, 수압 등 자극을 받아들인다. 측선을 이루는 비늘 하나를 떼내어서 현미경으로 관찰하면 비늘 옆으로 구멍이 나 있다. 즉, 그 구멍 아래에 말초신경이 나와 있어서 감각을 받아들이는 것이다. 비늘도 물고기 종류에 따라서 빗비늘, 방패비늘, 둥근비늘, 굳비늘이 있다. 비늘은 기왓장이 포개진 것처럼 되어 있다. 그리고 지느러미는 살덩이처럼 두툼한 것이 있는가 하면 대부분은 부채꼴로 얇게 펼쳐진다.

다음 차례는 철갑상언데, 본문에 따로 기술하였기에 생략하고, 허파물고기〔肺魚〕로 넘어가자. 폐어는 물이 있으면 물론 아가미로 숨을 쉰다. 그러나 가물어 물이 마르면 진흙 속으로 파고 들어가 점액성 주머니(고치)를 둘러쓰고 그 속의 공기로 부레호흡을 한다. 부레가 허파 역할을 한다는 말인데, 그때는 활동을 거의 못 하고 잔뜩 오그리고 앉아 휴면상태로 물을 기다리면서 지낸다. 이놈이 꽤나 공기호흡을 한다는 것은 물에서 땅(뭍)으로 넘어올 가능성을 보이는 것이다. 진화를 말한다. 폐어는 호주, 남미, 아프리카 일부 지역에 살고 있다. 유독 호주산 폐어 중에는 1.5미터가 넘는 놈이 있다고 한다.

이상, 물고기의 진화 순서를 대략 훑었고, 이제 물고기의 전체적인 특성을 보자.

물고기는 얼마나 빠르게 헤엄칠까. 연어가 재빨리 움직일 때는 1초에 자기 몸길이의 10배를 달린다고 한다. 그러나 그것을 수치로 환산

하면, 체장을 30센티미터로 잡을 때 시속 10.4킬로미터밖에 되지 않는다. 일반적으로 큰 고기가 더 빨리 헤엄치는 것은 사실이다. 공중에서 달린다고 생각하면 더 빨리 더 세차게 갈 수 있겠지만 말이다. 공기의 저항도 무시 못한다. 물고기 중에서 가장 빠른 것은 다랑어(참치)나 새치 무린데, 다랑어가 시속 66킬로미터, 황새치가 110킬로미터로 최고기록이다. 그런데 그것들이 이런 속도를 내는 것도 순간적인 1~5초 사이의 것으로 더 지나면 지쳐버리고 만다. 순발력이 좋다는 말이다. 이렇게 빠르게 몸통을 움직이는 것은 W자 모양을 하는 근절(筋節) 운동 덕택이다. 삶은 생태나 대구를 먹어보면 얇은 살덩어리가 따로 똑똑 떨어져 나오니 그것이 근절이고, 물고기에 따라서 또 부위가 어딘가에 따라서 그 모양과 두께가 다르다. 그리고 뱀장어같이 길쭉한 물고기는 몸통 중간 부위에서도 물을 차고(반작용의 힘, reactive force) 나가지만, 보통 물고기는 꼬리를 움직여서 물을 박찬다. 새 중에서 제비가 빠른 축에 든다. 날개가 비행기처럼 뒤로 누웠고(공기 저항을 줄임) 날개 끝이 뾰족해서 공기의 소용돌이(회오리바람)를 없애주므로 빠른 속도를 낼 수 있다. 그래서 제비 날개와 닮은꼴인 꼬리를 가진 다랑어(tuna)가 빠른 속도를 내는 것이다. 물론 드세고 재빠른 놈은 물이나 뭍이나 육식하는 놈들이다.

그리고 물에 사는 동물은 이동에 에너지가 적게 드는 것이 장점이다. 1킬로미터를 가는 데 연어는 0.39칼로리, 공중을 나는 갈매기는 1.45칼로리, 땅에 사는 다람쥐는 5.43칼로리가 든다. 달리기가 헤엄치기보다 훨씬 더 많은 에너지를 필요로 한다! 물고기들이 아무리 물의 저항을 피하려고 몸을 유선형(流線型)으로 만들어도 힘은 든다. 비늘에 점액이 묻어서 미끈한 것도 저항을 줄인다지만, 저항 없는 세상에 살아봤으면……. 맙소사, 전기도 전선의 저항에 시달리지 않는가. 일체의 색상(色相)을 초월한 참으로 공허한 세상, 진공(眞空)에 살고 싶다는 말이겠지. 마음을 좁게 쓰면 먼지 하나도 담지 못하나 넓게 쓰면 우주를 담는다.

물고기는 물보다는 비중이 크다. 즉, 무거워서 가만히 있으면 물 밑으로 가라앉고 만다. 상어는 부레가 없는 대신에 기름기 덩어리인 큰 간 덕에 물에 뜬다고 했다. 그러나 그래도 가만히 있으면 가라앉기에 끊임없이 헤엄을 쳐야 한다. 다랑어, 가자미, 심해어 등은 부레가 없다. 그러나 보통 물고기는 모두 부레가 있어서 부력을 유지한다. 부레에 공기가 차서 부풀면 부력이 커져서 떠오르고, 부레에 공기가 빠지면 내려앉는다. 어떻게 이렇게 공기를 넣었다 뺐다 하는가. 물고기 배 속에 펌프가 있는가. 부레는 앞에서 말했지만 식도와 연결되어 있고, 부레 아래쪽에 공기샘(air gland)이라는 조직이 있다. 공기샘은 공기를 만들어내는 샘이란 뜻이다. 물고기가 밑으로 내려가고 싶으면 부레를 쪼그려서 공기를 식도로 내보내 입으로 뱉으면 된다. 반대로 떠오르고 싶으면 공기샘에서 공기를 만들어내서 부레를 부풀린다. 오묘하다! 그렇게 해서 침수, 부상을 마음대로 한다니…….

물고기의 호흡기관은 바로 아가미다. 다른 동물이 갖지 못하는 아주 특이한 기관이다. 어느 생물이나 산소 없인 살지 못한다(무기호흡을 하는 세균 일부를 제외하고는). 산소가 불을 태우듯이 몸 안의 세포가 양분을 분해(산화)한다. 그래서 산소 없는 양분은 있으나마나. 물고기도 물에 녹아 있는 산소를 밤낮 가리지 않고 빨아들인다. 아가미는 아주 가는 필라멘트가 모여 된 것으로, 필라멘트에는 동맥과 정맥이 그물을 이루고 있다. 아가미뚜껑을 젖혀서 그 안의 아가미 색깔로 생선의 신선도를 알아낸다. 선홍색이면 신선하다. 핏줄이 상하지 않았으니 싱싱하지. 아무튼 동맥은 둘레를 지나는 물에서 산소를 빨아들이고 정맥은 물로 이산화탄소를 내보낸다. 필라멘트는 바로 우리의 허파꽈리다. 물이 흐르는 방향과 피가 흐르는 방향이 거꾸로라서 서로 만나는 시간과 양을 늘리게 되어 있는 것도 아주 흥미롭다. 아가미를 흐르는 피는 물속 산소 85퍼센트를 빨아들인다니 그 또한 예민하기 짝이 없다. 입을 계속 벌리고 있으면 바보가 아닌가. 정어리나 고등어 무리는 물이 아가미를 지나갈 때 입을 쩍 벌려 산소를 흡수한다. 그래서 수조에 아무리 산소가 많이 녹아 있어도 움직이지 않으면 물고기는 질식하여 죽고 만다.

물고기 중에는 물 안에 있지 않고도 잘 견디는 놈이 있다. 허파물고기가 그렇다. 미꾸라지는 비가 오면 물을 뛰쳐나와 땅바닥을 기어 멀리까지 간다. 이때는 피부호흡을 한다. 사람들은 길바닥에 벌벌 기어다니는 그놈들을 보고 "미꾸라지가 소나기를 타고 내려왔다."거나 "소나기를 타고 오르다가 떨어졌다."고 한다. 아마도 멀리멀리 살터를 옮겨 넓히려는 본능이 그들을 그 위험한 곳으로 몰아내는 것이리라. 소나기 그친 후 햇살 쨍쨍 내리쬐는 열 받은 잔디밭에서 스르르 죽어가는 미꾸라지의 행색(行色)을 생각하면 안쓰러워서 하는 말이다. 그리고 아가미가 퇴화한 전기뱀장어는 그래서 입으로 공기를 꿀꺽꿀꺽 삼키고, 인도에 사는 한 잉어는(물과 땅의 경계에 삶) 퇴화한 아가미에 공기방(房)이 생겨나서 그것으로 숨을 쉰다고 한다.

이제는 물고기들 몸의 삼투압(농도) 조절법을 보도록 하자. 물고기의 90퍼센트 정도는 오가지 못하고 한곳에 머물러서 산다. 민물(담수)은 염도(소금의 농도)가 0.001~0.005몰〔몰(mole)은 물 1리터에 든 소금의 양(그램)을 나타냄)인 데 비해서 민물고기의 피 농도는 0.2~0.3몰로, 피의 농도가 아주 짙어서 물이 몸 안으로 계속 들어온다. 그래서 민물고기는 묽은 소변을 자꾸 내보내고, 아가미에서 염분을 흡수하여 피의 농도를 조절한다. 반대로 바닷물의 염분 농도는 약 1몰인 데 비해서 바닷물고기의 것은 민물고기보다 조금 짠 0.3~0.4몰로 바닷물의 농도가 짙어서 물이 빠져나갈 위험에 처해 있다. 그래서 짙은 소변을 적게 보고 아가미를 통해 소금을 내 버린다. 이렇게 하여 체액(體液)의 농도를 일정하게 유지한다. 즉, 삼투압 조절은 몸의 농도를 항상 일정하게 유지하기 위한 생리현상으로 이런 것을 '항상성 유지'라 한다.

물고기나 사람이나 뭐가 다르겠는가. 먹을 것을 얻기 위해 하루 종일 몽땅 시간과 에너지를 다 쏟아붓는다. 잡아먹는 것에만 정신을 팔 수가 없다. 먹히는 것에도 신경을 써야 하니 막말로, 먹느냐 먹히느냐, 죽기 아니면 살기다. 에누리 없는 생사 게임이다. 잡아먹기 위해서는 턱이 발달해야 하고, 재빨리 움직여야 하며, 감각기관도 예민해야 한다. 대부분의 물고기는 육식성이다. 동물성 플랑크톤에서 갑각류의 유생, 커다란 척추동물도 가리지 않고 먹는다. 이 중에 특이한 놈으로 거위물고기(goosefish)가 있다. 이 바닷물고기는 머리 위에 등지느러미가 변한 미끼 낀 낚싯대를 드리우고 있다가, 가짜 미끼를 먹으러 달려드는 물고기를 잡아먹는다. 다른 물고기가 미끼에 속아 입가로 달려오면 큰 입을 쩍 벌린다. 그러면 먹잇감이 저절로 입 안으로 쑥 들어와 버린다. 다문 입을 크게 벌리면 음압(陰壓)으로 물과 같이 빨려 들어가게 된다. 기다릴 줄 아는 물고기! 망연자실(茫然自失), 고약하고 괴팍한 물고기의 예를 다 들자면 한이 없으니……

초식성 물고기는 얼마 되지 않는다. 이들은 돌에 붙은 조류(藻類, algae)나 해초를 먹는다. 그런데, 물에 떠 있는 플랑크톤(북한에서는 '떠살이'라 부른다고 함)을 먹고사는 물고기들도 많다. 청어나 멸치같이 무리를 지어 다니는 것들은 입을 벌려 물이 아가미를 지나가게 하고, 아가미에 작은 플랑크톤이 걸리면 그것을 모아 먹는다. 체(sieve) 모양의 구조를 보이는 아가미는 먹이를 모아 거른다. 물고기를 해부하여 창자를 들여다보면 단방에 그놈의 식성(食性)을 알 수 있다. 잉어는 창자길이가 체장의 9배나 된다. 즉, 초식을 한다는 증거다.

물고기는 자웅이체(암수딴몸)로 알을 낳고(난생) 체외수정을 하니 물속에서 수정란이 발생한다. 그러나 예외 없는 법칙이 없듯이, 난태생(卵胎生)을 하는 어류도 있다. 거피(guppy)나 몰리(molly), 그리고 학명이 *Hypsursus caryi*인 (억지로 번역하여) 무지개농어(rainbow surfperch) 무리는 새끼를 낳는다. 수정란이 몸속에서 발생하여 새끼가 다 되어서 태어난다니 아연 우리를 어리둥절케 한다! 더한 일이 여기에 있다. 딴 놈들은 암놈 수컷이 만나 알과 정자를 한껏 뿌려, 그냥 수정이 일어나고, 저절로 자라 새끼물고기가 되는데, 띠턱물고기(banded jawfish, 학명은 *Opistognathus macrognatus*) 수컷은 수정된 알을 입에 머금고 알을 부화시킨다. 그것들이 새끼가 될 때까지 초췌한 모습으로 그렇게 물고 있다. 어찌 이런 물고기가 다 있단 말인가!? 배가 고파 잠깐 먹을 것을 찾을 때는 굴에다 알을 토해 숨겨둔다. 그리고 또 입에 물고서 새끼가 될 때를 참고 기다린다. 여느 것과는 사뭇 다르지 않는가. 딴 수놈들은 팔난봉을 다 피우면서 돌아다니는데. 이 책 뒤에 으스대며 큰가시고기를 지극한 부성애의 상징으로 추켜올려 놨는데, 남세스럽게 됐다. 어쩌지. 뛰는 놈 위에 나는 놈이 있는 법! 무서운 부성애다!

아비들아, 입에다 아이를 물고 키워 보아라! 그런데 이렇게 아비의 보호를 받는 물고기는 알을 많이 낳지 않는다. 그렇지 못한 보통 물고기는 다르다. 바닷물에 알과 정자를 마구 뿌리고 가버리는 대구를 보자. 대구 큰 놈 한 마리가 낳는 알은 무려 600만 개가 넘는다. 그 중에서 다 클 때까지 살아남는 것은 600만 개 중에서 겨우 6마리다. 백만 분의 일! 옛날에는 아이를 바글바글 여남은 낳아야 겨우 한둘을 건졌다.

물고기는 먹이가 풍부하고 온도가 높은 여름철에 자라고 겨울엔 생장을 거의 정지한다. 그래서 비늘이나 이석(耳石, otolith)에 생긴 나이테로 물고기의 나이를 알아낸다. 우리 생물학과 4학년 졸업생들의 논문에서도 이런 것을 다룬 적이 있다. 남미리내, 김태영 두 여학생이 강원도 홍천강에 사는 묵납자루를 다달이 잡아와서 체장과 비늘의 나이테 성장을 재보았다. 그것을 비교 분석한 결과, 물고기가 자라면 비늘도 비례하여 커진다는 결론을 얻었다. 몸길이를 하나하나 재고 비늘의 반지름을 일일이 재어 맞춰보면서 서로 비례한다는 사실을 밝혀낸 것이다. 이는, 조류나 포유류가 완전히 성숙하면 성장을 멈추는 것과는 사뭇 사르다. 물고기는 탈 없이 살아 있는 동안에는 끊임없이 자라고, 그만큼 더 많은 알을 낳는다. 이 점 또한 물고기가 지구에서 성공하게 된 유리한 조건 중의 하나다. 이 세상은 씨알 많이 퍼뜨리는 놈 차지다.

세 번째 꼭지에서 이 물고기 이야기를 해야
했지만, 좀 길게 설명할 것이 있어서 따로 떼내어
싣는다.

근래 드문 희소식이 신문에 실렸다. 강원도 양양
내수면연구소가 국내에서 직접 사육한 철갑상어의
인공부화에 성공했다는 기사였다. 6년생 철갑상어
한 마리로부터 알 6만 개를 받아 인공수정 시켰는
데, 거기서 5만 마리의 치어(稚魚)가 부화했다고 한
다. 참 반가운 일이다. 이제는 물고기도 키워 먹는
세상이 아닌가. 광어도 돔도 가두리에 가둬서 먹이
를 먹여 키운다.

이번에 알을 낳은 철갑상어는 지난 1997년 러시
아로부터 1센티미터의 여리디여린 치어를 들여와 6
년간 기른 것으로, 국내연구소에서 직접 철갑상어

새끼를 사육해 부화에 성공한 것은 이번이 처음이다. 여태 러시아에서 어미 물고기와 사육기술자를 들여왔다. 그래서 거기에 비용이 쏠쏠히 들었는데, 이번 부화 성공으로 부가가치가 높은 철갑상어 대량 양식이 가능할 것으로 보인다고 한다. 그리고 앞으로 어업인들에 대한 철갑상어 양식기술 이전을 본격화할 계획이라고 한다. 부화 후 70일이 지나면 몸무게 3그램, 길이 8센티미터 정도로 성장이 빠르다고 한다.

무엇보다 철갑상어는 고급 요리재료로 쓰이는 캐비어(caviare, 알젓)를 얻을 수 있다. 요즘 캐비어 수입가격이 1킬로그램당 120만 원을 호가한다니! 한 번 산란할 때마다 4킬로그램을 생산하는 철갑상어를 황제어(皇帝魚)니 로열피시(royal fish)니 하지 않을 수 없다. 저 일품요리는 누가 다 잡수는 것일까. 살날이 노루꼬리만큼 남은 이 늙다리 교수님은 언감생심, 꼴도 못 봤으니……. 허사(虛辭)인 줄 알면서.

철갑상어는 회유성 어류로 바다에 살다가 산란기에는 큰 강으로 올라온다. 중국의 양쯔강은 철갑상어들이 10월과 11월경 바다에서 올라와 알을 낳는다고 한다. 알은 주로 자갈이 깔린 여울에 낳는데, 보통 수온에서 일 주일이면 알을 깬다고 한다.

여기, 『자산어보』에 기록된 내용을 옮겨보자. "철갑장군은 크기가 3미터가 넘고 생긴 모양은 큰 민어를 닮았다. 비늘은 손바닥만큼이나 크고 단단해서 강철 소리가 난다. 다섯 가지 색이 무늬를 이루는데 매우 뚜렷하고 매끄러워서 얼음 구슬과 같다. 고기 맛도 뛰어나다. 섬사람들은 저마다 한 마리씩 잡은 적이 있다고 한다."라고 씌어 있다. 그렇다. 비늘이 넓적하고 단단하여 철갑(鐵甲)을 둘러쓴 듯하다고 '철갑상어'란 이름을 붙였다. 철갑상어는 '철 심장'을 가졌을까. 하여튼

골격성인 판은 머리를 덮고, 등짝에는 두꺼운 비늘〔경린(硬鱗)〕다섯 줄이 길게 꼬리까지 뻗어 있어서 딴 놈들의 공격을 막는다. 입 아래에 큰 수염 네 개를 달고 있는데, 예민해서 이것을 바닥에 끌어서 먹이를 찾는다.

철갑상어의 학명은 *Acipenser sinensis*다. 속명 *Acipensers*는 라틴어로 철갑상어란 뜻이고, 종명인 *sinensis*는 '중국'이다. 학명에 한 나라의 이름이 붙는 것은 예사로운 일이 아니다. 이것은 중국에 철갑상어가 가장 흔했다는 것을 말한다. 철갑상어는 세계적으로 20여 종이 살고 있다고 한다. 대부분이 바다에 사는 해산(海産)이고 일부만 민물에 사는 담수산(淡水産)이다. 그리고 이 물고기들은 모두 뾰족한 부리를 가지고 있다.

철갑상어는 버릴 게 없다. 알은 물론이고 살, 부레도 쓰임새가 있으니 말이다. 살은 생살로 팔리기도 하지만 소금에 절이거나 연기에 그슬어서 훈제로 판다. 부레의 안쪽 껍질은 아교풀(isinglass)을 만드는 재료다. 민어 부레로 아교(gelatin)를 만든다는 말은 들었는데, 철갑상어의 것이 더 고급이라고 한다. 그러면 최고급이란 말이 아닌가!

캐비어 설명을 조금 더 해보자. 철갑상어의 암놈에서 뽑아낸 알을 일단 소금에 절인다. 갓 잡은 철갑상어에서 알 덩어리를 뽑아서 아주 가는 체로 걸러서 지방이나 나머지 허드레를 모두 제거하고 4~6퍼센트의 소금에 보관한다. 물론 이때 맛이나 향을 내는 조미료를 넣는다. 최고급 캐비어는 러시아에서 만드는 말라솔(malassol)로 치는데, '소금을 적게 친다.'란 뜻이며, 이것은 반드시 냉장(0~7도)을 해야 한다. 그렇지 않으면 저온 살균(pasteurize) 하여 곰삭는다고 한다. 한 알 한 알이 옥구슬 값에 막 먹는 캐비어!

그런데 이 세상에서 가장 큰 철갑상어는 흑해에 사는 *Acipensers huso*라는 놈으로 몸무게가 무려 1,300킬로그램, 몸길이가 7.5미터나 된다고 한다. 이런 놈에서 나오는 알은 과연 얼마나 될까. 헌데, 덩치가 큰 놈들의 알은 맛이 덜하다니 그것 또한 보상일 터. 조물주는 맛 좋은 알과 덩치를 모두 주지 않는다. 사람에게도 여간해서 몸과 머리를 다 주지 않고……. 역시 적고 귀해야 맛이 난다? 그런데 글을 읽다 보니 서양 사람들의 사기성도 우리와 하나도 다를 게 없다. 돈에 사족을 못 쓰는 그들이 우리보다 더한 것은 부인하지 못한다. 감히 말하지만 서양 문화는 돈에 그 뿌리가 있었더라. 딴 물고기의 알을 갑오징어 먹물로 염색하여 철갑상어 알로 속여 판다고 하니 말이다. 짙은 남색 영롱한 철갑상어 알, 캐비어라고 모두 진짜가 아니더라!

전 세계 철갑상어 알의 95퍼센트가 카스피 해 연안 스타브로폴 지역에서 나온다고 한다. 그런데 근래 여기에 검문소가 하나 들어서고, 그곳을 '루식'이라는 고양이 한 마리가 지키고 있다. 멸종 위기에 처한 철갑상어를 싣고 나가는 화물자동차를 이 고양이가 감시한다. 우연하게 고양이 한 마리를 데리고 와서 철갑상어 찌꺼기를 먹여 키웠는데, 그에 맛을 들인 고양이가 철갑상어 냄새를 기막히게 맡게 되었다. 공항에서 마약 밀반출입을 찾아내는 개는 바로 마약 중독에 걸린 놈이다. 마약을 오랫동안 주지 않으면 그 냄새에 아주 민감해져 미량의 마약도 귀신같이 찾아낸다. 이 고양이도 몰래 숨겨나가는 철갑상어를 척척 찾아낸다. 캐비어도 중독성이 있다?!

어쨌거나 러시아에서 시집온 철갑상어는 이제 우리 며느리가 되었다. 양식 캐비어를 고대하면서, 이왕이면 국산을 애용할지어다. 꽉 막힌 우국충정이라 책하지 말고, 제발. 나라가 거덜 나는 줄도 모르고 설쳐대는 껍질 얇은 소인배들에게 하는 경고다. 철갑상어의 철갑통을 닮아 보아라. 내 것이 좋은 것이야! 심신불이(心身不二)요 신토불이(身土不二)다!

　아뿔싸! 이놈들이 달고 매운 천 년 만 년을 같이 살아 와서 태(態)가 그렇게도 같아 보이는가. 사실 붕어와 잉어는 겉꼴이 너무 닮아서 언뜻 보아 보통 사람은 구별하기 어렵다. 그런데 서로 다른 점이 있기에 다른 종(species)으로 분류한다. 우리말 이름(국명)이 다를 뿐 아니라 학명도 붕어는 *Carassius auratus*이고, 잉어는 *Cyprinus carpio*로 속명(屬名)까지 다르다.

　하기야 어린아이들의 눈에는 물에 살면 모두 물고기이듯이 아무리 이 점이 같고 저 점이 다르다고 설명해도 난해하기는 마찬가지다. 물론 마음을 가지고 알아보려고 들면 이야기는 달라진다. '심부재(心不在)면 시이불견(視而不見)이요 청이불문(聽而不聞)'이라고, 마음에 없으면 보아도 보이질 않고 들어도 들리지 않는다. 봐도 그냥 보지〔視〕 말고 자세히 보라〔察〕는 것. 어느 것이나 심안(心眼)으로 보고 심이(心耳)로 듣는, 마음으로 새겨 사는 집념(執念)은 그래서 필요하다. 그런 자세 없이는 성공은 저 멀리에 있을 뿐이다. 어류가 전공이 아닌 필자도 그놈들을 나누고 구분하여 이름을 바싹 꿴다는 것이 그리 녹록지 않다. 아니 아주 어렵다. 세상에 쉬운 것이 그래서 없다고 한다. 다행히 필자는 이런 글을 쓰면서 그것들을 조금이나마 더 깊게 알려 들고, 이해를 해 들어가니 일견(一見) 더없이 행복하다. 글을 쓰면서 평소에 몰랐고 무관심했던 점을 하나둘 배워 가는 재미는 이루 말할 수 없다. 정 들여놓으면 이야기 거리가 생긴다고 하던가. 배움과 앎의 즐거움이란! 이것이야말로 인간만이 소유하는 것이 아닌가. 물론 써놓은 글을 읽는 기쁨 또한 무시하지 못한다. 역시 읽는 것도 미쳐 읽어야지 건성으로 눈만 굴린다면 눈알만 버리는 꼴이 되고 만다. 어느 하나에 미쳐 사는 보람은 미쳐본 사람만 안다. 영어로는 크레이지(crazy), 신들림, 미침이라는 것.

붕어는 보나마나 옛날 옛날부터 우리 먹을거리였다. 귀중한 단백질 공급원이다. 우리는 얼마나 아미노산(amino acid) 부족에 허덕여야 했던가. 족대로 잡은 붕어 새끼는 간장에 바싹 졸여 뼈째로 빠드득 씹어 먹고, 그물 쳐 잡은 큰 놈은 탕이나 찜을 해서 먹는다. "찐 붕어가 되었다."는 우리 속담이 있다. 물론 이 말은 기세가 다 꺾여버리고 풀이 죽어서 외양(外樣)이 말이 아닌 경우를 빗대는 말이지만, 붕어를 노상 찜을 해 먹었다는 증거이기도 하다. 그리고 더 큰 놈은 주로 달여서 병약자나 산모에게 먹였다. 후줄근한 재래시장 곁길에도 꽝꽝 얼어붙은 팔뚝만 한 잉어, 붕어를 흔하게 본다. 그러나 어쩐지 거기에 오랫동안 눈길이 가지 않는다. 가련한 마음이 들기도 하지만, "살생을 말라."는 말이 문득 떠오르고, 그놈을 먹으면 무간지옥을 갈 것 같은 여린 마음이 살아 움직인다. 필자는 원래 민물고기를 좋아하지 않는다. 그런데 어떤 친구는 민물고기에서 풍기는 해(흙) 냄새가 그리 좋다면서 그것의 찜이나 매운탕에 사족을 못 쓰고 기를 못 편다. 그 사람은 '민물고기 매운탕'이란 말만 들어도 조건반사 중추가 작동하여 군침을 질질 흘린다. 그 잔가시를 하나하나 볼가 가면서 잘도 먹는다. 고기도 먹어본 놈이 먹는다고, 어릴 때 먹어봤어야 먹는 것이다. 혓바닥이란 놈이 하도 기억력이 좋아 그런 만큼, 크는 아이들에게 여러 가지 음식을 골고루 먹여두는 것이 좋다. 어려 먹어보지 않은 음식은 커서도 설게 느끼니, 식성도 어린 시절에 이미 결정이 난다는 말이다. 맞다, 세 살 버릇이 여든 간다는 말이 지당하다. 그리고 음식 까탈 부리는 놈치고 성질머리 좋은 녀석이 없는 법, 이것저것 골고루 어린 혓바닥에 길들여줘야 한다.

붕어나 잉어는 주변 강이나 연못 어디에나 지천으로 널린 물고기가 아닌가. 우리 조상의 설운 삶과 흡사하다고나 할까. 아주 지저분한, 소위 말하는 3급수에서도 끄떡없이 살아 견디는, 생명력이 아주 질긴 녀석이다(이런 물에는 붕어, 잉어, 미꾸리, 동자개 정도만 산다). 물을 보면 물고기를 알고 물고기를 보면 물을 안다. 실은 다음 말이 맞다. 붕어나 잉어가 사는 곳은 3급수의 물이라고. 어떤 물고기가 주로 사는가를 보면 그곳 물의 오염도를 알 수 있는 만큼, 생물(물고기)이 혼탁의 정도를 알려주는 오염의 지표(指標, indicator)가 된다는 말이다. 그런 생물을 지표종이라 한다. 열목어나 산천어가 살면 그 물은 아주 맑은 명경지수(明鏡止水)로, 1급수다.

그렇다면 온몸이 울긋불긋 황금빛으로 물든, 때깔 좋은 금붕어와 비단잉어는 어떤 물고기일까? 미리 말하면 둘 다 돌연변이(突然變異)가 일어난 변종(變種)이다. 강이나 연못, 호수에서 자연적으로 생긴 것들을 억지로 잡아다 일부러 키워 씨를 퍼뜨린 것이다. 사람들의 심보가 하도 요상하여 자연스런 멋보다는 외려 엉뚱하고 괴팍한 품(品)을 좋아한다. 코딱지만 한 화분에 수십 년이나 된 꼴사나운 나무를 심어놓고 '분재'라 하여 즐기는가 하면, 원래 제 색을 잃고 얼룩덜룩 변색을 한 잉어 한 마리를 수천만 원에 팔고 산다. 여기서 하나 덧붙이면 돌연변이로 생긴 형질은 대대로 유전한다. 금붕어와 비단잉어의 몸 모양이나 색깔이 새끼에 고스란히 전해진다는 말이다. 이것들이 또 다른 돌연변이를 일으키니 그렇게 여러 변종이 이어 생겨나고, 그 중에서 고약한 형태와 색상을 한 놈을 골라 키운다. 세계적으로 이런 업에 종사하는 사람이 수없이 많고 개중에는 갑부(甲富)도 수두룩하다. 우리나라도 거기에 빠질세라, 충북 진천군에는 세계적인 붕어·잉어 양어장이 있어서 외화를 꽤나 벌어들인다고 한다. 한 가지만 잘하면 제대로 먹고사는 세상이니 할 말은 없다.

그런데 여기에 더없이 괴이하고 요상한 일이 있다. 붕어가 사는 곳에는 잉어가 살고 잉어가 살면 어김없이 거기엔 붕어가 있다. 공서(共棲, co-habitation)한다는 것이다. 소위 말해서 살터인 해비태트(habitat)를 이웃한다는 말이다. 세상에는 자기보다 남을 먼저 생각하는 이타적인 사람이 많다. 살 곳이 없는 사람들에게 집을 지어준 카터 전 미국 대통령의 '사랑의 집짓기 운동', '한국 해비태트'란 말을 들어봤을 것이다. 다른 말로 '해비태트 운동'이라 하니 이 해비태트가 생물학 용어로 '서식처(棲息處)'란 뜻이다. 바로 살터, 즉 집(house)을 말한다.

아무튼 자연 상태에서 붕어와 잉어 사이에서 '붕잉어'('잉붕어'라 해도 좋다)가 드물게 태어난다. 앞에서도 말했지만 붕어와 잉어는 딴 종이다. 다른 종 사이에서 새끼가 태어나면 이를 '종간잡종(種間雜種, hybrid)'이라 하는데, 흔한 일은 아니다. 동물원에서 어릴 때부터 같이 자라 온 범과 사자 사이에 라이거(liger)나 타이곤(tigon)이 생겨나고, 암말과 수탕나귀 사이에 노새(mule)가 태어나는 것과 같다.

붕어와 잉어는 몸매가 아주 흡사해 구별이 어렵다고 했다. 그러나 매우 간단하게 구별하는, 즉 검색(檢索)하는 열쇠(key)가 있다. 붕어는 입가에 수염이 없는 반면에 잉어는 양반이라 턱에 두 쌍의 채수염(숱은 적으나 긴 수염)이 있고, 붕어가 몸이 짧고 통통하다면 잉어는 길쭉하고 비늘이 희뿌옇게 번쩍인다. 그런데 '붕잉어'가 어떤 꼴을 하고 있는지 궁금하지 않은가. 수염이 딱 한 쌍이 있어서 어미 아비를 반반씩 빼닮는다. 그런데 이들 종간잡종으로 생긴 것들은 하나같이 잡종 2대(새끼)를 만들지 못하는 불임(不姙, sterile)이다. 다른 종끼리 잡종이 밥 먹듯 생기고, 그놈들이 또 새끼를 까대는 혼란하고 혼탁한 세상이라면 어지러워 못 산다. 이것 또한 조물주의 섭리가 아니고 무엇이겠는가.

그리고 흥미로운 일은 인종에 따라 좋아하는 물고기가 각각 다르다는 것이다. 실은 좋아해서 좋은 게 아니라 자기들이 사는 곳에 그 물고기가 많았고, 대대로 먹어 온 때문이겠지만 말이다. 바로 입맛이라는 것. 오관과 육감이 다 변해도 입, 혓바닥 하나는 절대로 달라지지 않는다. 여행을 해도 하루 이틀만 지나면 김치 생각에……. 중국은 잉어, 일본은 돔, 프랑스는 넙치, 미국은 연어, 덴마크는 대구, 우리는 당연히 명태(생태)가 으뜸이다. 우연찮게도 이들 물고기 모두가 그렇게 심하게 비리지 않다는 공통점이 있구나! 그러니 앞에서 흙냄새 풍기는 민물고기 매운탕을 즐기는 그 친구는 분명 어릴 때부터 강가에서 잡은 고기를 먹어온 촌놈(?)임이 분명타!

붕어는 몸길이가 20센티미터 근방이지만 늙다리 놈은 한 팔(40센티미터)이 넘는다. 그래서 낚시꾼들은 아주 작은 씨알붕어를 잔챙이, 그것보다 크면 중치, 더 크면 준척, 더 큰 30센티미터 이상을 월척(越尺)이라 구분하여 부른다. 이렇게 대략 크기를 정하지만 붕어 비늘(scale) 하나면 정확한 나이를 알아낼 수 있다고 했다. 물고기는 비늘에 제 놈의 나이를 품고 있다! 늙음이 곧 낡음이라 했겠다. 우리 인간은 세월의 두께를 더덕더덕 낯짝에 둘러쓰고 있는데 말이지. 아무튼 붕어의 비늘은 아주 크고 몸통 살에 박혀 있다. 그 모양이 기왓장을 포갠 것처럼 되어 있어 물의 저항을 덜 받는다. 옆줄(측선)도 거의 중앙에 일직선으로 놓여 있으나 꼬리로 가면서 약간 아래로 굽어 처진다. 그리고 모든 생물은 제가 살고 있는 둘레 환경(바탕)에 따라 몸색이 달라진다. 하여, 붕어나 잉어는 물이 흐르는 맑은 곳의 것은 청색을 띠고, 고인 물〔정수역(淨水域)〕에 사는 놈들은 황갈색이다. 모두가 보호색을 띤다는 말이며, 다 살기 위해 빨리도 주변 색에 맞춰 나간다는 얘기다. 햇살 뜨거운 열대지방 사람은 얼굴이 검고, 볕이 아주 적은 곳 사람들은 희며, 어중간한 곳에 사는 우리가 누르스름한 것도 다 주변 환경에 적응한 결과가 아닌가. 그리고 붕어는 잡식성으로 수초나 식물성 플랑크톤은 물론이고 작은 새우(갑각류)나 실지렁이, 수서 곤충 등 닥치는 대로 포식(捕食)한다. 생물계를 잘 들여다보면 하나같이 잡식성인 동물은 생존율이 훨씬 높다. 붕어가 아무 데서나 잘 사는 것도 그렇지만 사람이 지구를 지배하는 것도 이 식성에서 찾아볼 수 있을 것이다. 게다가 아무거나 가리지 않고 고루고루 잘 먹는 사람이 건강하고 오래 산다. 필자도 전형적인 잡식동물인가! 육식에 약간 기울어진 잡식성?

붕어의 산란행위는 요란하기로 이름이 나 있다. 다음의 「붕어 사랑」 이야기는 전북대학교 김익수 교수가 관찰한 것을 옮겨 봤다.

수온이 올라가는 5월경에 주로 산란을 하니, 때가 왔다 싶으면 흩어져 살던 놈들이 물살이 거의 없는 물가로 몰려든다. 어느 동물이나 짝짓기를 할 때면 암수가 한곳에 떼(school)를 지으므로 암수 서로 쉽게 만날 수 있다.

"이른 새벽 5시쯤에, 암놈이 먼저 달려나가면 수놈들이 뒤따르는, 산란행위를 시작하여 9시가 다 되도록 물살을 가르면서 쫓고 쫓김을 쉬지 않는다. 어찌나 세차게 달려 나가는지 물방울이 소나기 오듯 튀어 오른다."

자식들, 힘도 좋고 사랑의 시간도 길기만 하다. 진이 다 빠지고 나면(아니, 흥분이 극치에 달하면) 암놈들이 수초 잎이나 뿌리에 알을 심고, 따라간 수놈들이 정기를 불어넣는다. 배불뚝이 아주 큰 암놈 한 마리가 물경 15만 개의 알을 여기저기에 낳는다고 하니, 그것을 다 뿌린 암놈은 결국 홀쭉이가 되고 만다. 아기를 낳은 산모 배처럼 말이다. 정기를 받은 수정란은 20도 근방의 온도에서 일 주일쯤 후면 벌써 앙증맞은 눈쟁이 새끼가 되어 살랑거리면서 사방을 두리번거리기 시작한다. 그 눈엔 이 세상이 얼마나 신비로울까. 그러나 조금 후면 이 세상이 얼마나 험악한지 알게 되겠지.

이야기가 끝점에 다가오고 있다. 사실은 따로 강조하지 않았지만 잉어 놈도 여태 쓴 내용과 대차 없이 붕어처럼 그렇게 살아간다. 잉어는 재주가 많고 처세에 능한 사람이나, 재물, 명예, 인기직업, 출세, 승진, 예술작품을 연상시킨다. 그래서 잉어가 뛰노는 꿈은 귀한 아이를 임신한다는 뜻이고, 연못이나 우물에 잉어를 넣는 꿈은 승진하거나 관직에 오른다는 뜻이며, 폭포 위를 잉어가 뛰어오르는 꿈은 출세하여 세상의 이목을 끈다는 뜻이다. 이외에도 잉어에 얽힌 이야기는 많다. 그리고 우리나라는 어류 전공자가 적어서 일일이 그들의 생태를 여태 못다 밝히고 있어 무척 아쉽다. 잉어의 생태가 어찌 붕어의 그것과 꼭 같을 수가 있겠는가마는 비슷한 것으로 이해해주시라.

사면초가에 몰린 물고기들의 하소연을 귀담아들어 보시라.

무지하고 오만불손하며 용렬하기 짝이 없는 인간들이여! 이골 나게 하는 말이지만, 이젠 강바닥 그만 파 젖히고, 댐 그만 만들라. 똥물 그만 퍼부어라. 내가 물을 떠나버리고 마는 그런 일이 없도록 해다오. 물고기도 이 땅에서 마냥 편하게 숨쉬며 살 권리가 있다. 지구는 단연코 잘나빠진 바보, 천치, 얼간이, 칠뜨기, 팔푼이, 머저리, 개코 구멍 같은 인간만의 해비태트가 아니지 않는가. 대형을 잘 모셔야 우리도 산다. 기고만장한 인간 군상들아, 너그러운 자연은 어중이떠중이 모두를 품어 안아주고 싶어한단다. 우리도 그들 가슴에 안기자꾸나. 자연은 우리 어머니!

　　산꼭대기에서 발원(發源)한 농익은 가을이 산 그림자 드리운 산자락으로 내려앉을 즈음이면 저 아래 강바닥에서도 내림을 시작하는 물고기가 있으니 바로 은어다. 하여, 가을을 추락의 철, 떠남의 계절이라 하는 것일까. 나뭇잎도 모목(母木)에서 떨어져 제자리로 돌아가니, 낙엽귀근(落葉歸根)이라 했겠다. 인연은 만남을 만들고 만남은 인연을 만든다.

　　그러나 만남 가운데는 이미 떠남이 존재하였다! 모두가 제자리 근원으로 돌아가는데 나는 지금 어디서 왜 우물쩍거리는 것일까. 정해진 날은 반드시 오고야 만다. 유시유종(有始有終), 시작이 있으면 끝이 있는 법. 저승길이 저만큼 가까이 다가오고 있구나. 자투리 인생도 마감하는 죽음의 날, 인생의 종점 말이다. 오래 머물고 싶다만……, 가련타. 그러나 어쩌리, 뒷물이 밀어제치니 꿈을 깨자. 하기야 쉰네 살에 종명(終命)하신 세종대왕보다 열 살이나 더 산 나인데, 여한 없다.

아무튼 바다 연어(鰱魚)는 알을 낳을 요량으로 고향 땅, 어머니 강〔母川〕으로 소강(溯江) 중인데, 은어는 거꾸로 강을 내려가 바다로 향하는구나! 물비린내가 물컥 나는, 출렁이는 바다 소리가 들린다 싶으면 이들은 움직임을 잠시 멈추고, 암놈이 먼저 지느러미로 모랫바닥을 파기 시작한다. 꼬리 물고 따라온 수놈들의 지느러미 놀림 또한 바빠진다.

어느새 지름이 10센티미터나 되는 알자리를 만들어낸다. 이제 다 됐다 싶으면 암놈이 구덩이에 틀어박혀 2만여 개의 샛노란 좁쌀알을 쏟아낸다. 그것을 감지(感知)한 수컷들이 아귀다툼하면서 밭에다 쭉쭉 씨를 뿌려 심어 박는다. 이렇게 정자를 뿌리는 사정(射精)을 방정(放精)이라고도 하는데, 어떡하든 제 심알을 더 많이 심기 위해 죽을 힘을 다 쏟아붓는다. 조금 후에 딴 곳으로 옮겨 다시 한두 번 더 그렇게 씨앗 심기를 반복한다. 봐 하니 제 유전자(遺傳子, gene)를 더 많이 남기고 죽으려 드는 꼴이 사람이나 은어나 하나도 다를 바 없다. 죽고 나면 남는 것은 유전자뿐임을 잘들 안다는 말이지. 공수래(空手來) 공수거(空手去), 빈손으로 왔다가 빈손으로 돌아가는 것은 너나 나나 같다. 가진 자, 비렁뱅이, 식자, 무식자 구별 없이 홀딱 벗고 목욕탕에 드는 것과 다르지 않다. 모두가 주머니 없는 수의에 맨손인 걸.

보통 온도에서는 2주 만에 수정란이 부화하고, 부화한 6밀리미터 정도의 새끼들은 바닷물이 섞이는 자리, 기수에 며칠을 머물다가 바다로 뛰어든다. 너나 할 것 없이 누구나 갈림길에서는 망설인다. 어느 시인은 은어가 바닷물에 들락거리는 것을 '담금질'이라 했겠다. 생물학적으로 기후가 다른 지역으로 옮겨간 생물이 그 환경에 적응하는 과정을 순화(馴化, acclimation)라 한다. 아무튼 바다에 든 이들은 겨울에는 강 가까운 바다에 머물면서 풍부한 먹이를 실컷 먹고 한껏 자라는데, 봄이 되면 10배(6센티미터 정도로 큼)나 자라 태생지인 강으로 되오른다. 보나마나 이것들은 여름 한철을 제가 태어난 강에서 머물다가 다 커서는(10~20센티미터로 자람) 제 어미가 그랬듯이 늦가을에 그렇게 유전자를 남기고 죽어간다. 알 터를 만들어 새끼치기를 다 끝마친 어미 아비 은어들은 진이 빠지고 쇠잔해져서 추레한 몰골로 스르르 삭고 만다. 여기까지가 짧디짧은 은어의 일대기요, 그들의 한살이다. 대물림이 이렇게 어려운 것이로구나.

죽어버린 그 어미 물고기의 운명이 어떤지 우리는 다 잘 안다. 다른 물고기의 밥이 되기도 하지만 갓 태어난 새끼들이 어미 시체를 에워싸고 그 살점을 뜯어먹으니, 말하여 지고지순(至高至純)한 모정이요 부정이 아니겠는가. 생선은 머리부터 썩는다고 하던가. 따라서 형형(炯炯)했던 눈빛도, 물 좋던 비늘도, 찬란했던 몸색도……, 아무튼 애틋하고 시리도록 아름다운 광경이다.

은어 새끼는 바다로 내려가 동물성 플랑크톤을 먹지만 커서 강으로 올라오면 돌멩이에 붙어사는 조류를 뜯어먹는다. 묘한 일이로다. 젖먹이 아이들이 먹는 어머니 젖은 동물성 단백질 덩이 아닌가. 참새나 박새 같은 초식하는(곡식을 먹는) 여러 새들도 둥지 안에 크는 어린 새끼에게는 반드시 단백질(벌레)을 물어다 먹인다. 역시 동물성 먹이(단백질과 지방)가 자람에 더없이 좋다는 것을 증명하는 것이다. 하여, 크는 아이들에겐 고기를 많이많이 먹여야 한다. 삼대를 잘 먹여야 집

안에 육척장골(六尺壯骨)이 태어난다고 했다. 그렇다, 늙어서도 단백
질은 필수영양소이기에 '칠십에 육(肉)'이라 했다. 늙을수록 고기가
먹고 싶다. 또 먹어야 한다. 고기에 힘이 있으니 그렇다.

은어는 은어속에 드는 놈으로 우리나라에는 오직 은어[Plecoglossus
altivelis] 한 종이 산다. 일본, 중국, 대만, 만주에도 분포하는 놈으로, 우
리나라는 두만강과 한강을 제외한 모든 하구(바다와 가까운 강 머리)에
산다. 섬진강은 아직도 터를 잃지 않아 은어 세상이 전과 같다고 한
다. 필자가 알기로는 강원도 양양 남대천(南大川)에도 은어가 살고 있
다. 이는 지금까지 강이 제대로 보존되었다는 것을 뜻한다.

은어는 다 자라면 20센티미터 가까이 되지만 아주 큰 놈은 30센티
미터가 넘는 것도 있다. 몸은 길고 날씬하며, 위턱 끝에는 아래로 구
부러진 돌기가 있고, 아래턱 끝에는 사마귀 모양의 돌기가 빗 모양으
로 가지런히 배열해 있다. 그리고 주둥이에 곧은 은색 뼈가 있고 배
바닥이 새하얘서 '은어'라는 이름이 붙었다. 그래서 은어를 '은구어(銀
口魚)'라 부르기도 한다. 산란기가 되면 수컷의 주둥이와 머리에 오동
통한 작은 돌기가 생겨나고, 진한 혼인색(婚姻色, nuptial coloration)을
띤다. 닭이나 물고기나 다 같이 수놈들이 멋과 폼(품)을 더 내니 모두
가 성의 선택과 관련이 있다.

사람도 하나 다를 것이 없어서, 학생들이 아등바등 바지에 날을 세
우고, 머리에 물을 들이거나 겔이나 무스를 번들번들 발라서 아주 건
강한 유전인자를 가진 것처럼 넌지시 뽐내지 않는가. 이것이 다 혼인
색을 내는 것으로, 암놈(이성)이 자기를 짝으로 골라주기를 원하는 기
원(祈願)이요 바람이다. 건강하고 돈 많고, 명예와 권력을 가진 자가
멋있는 여자를 차지한다. 이것이 성의 선택(sexual selection)이다. 그리

하여 건강하고 잘생긴 유전자를 남기는 것이다. 절대로 억울하다거나 분하다 여기지 말며 몸을 다듬고 책 읽어 실력을 쌓을지어다. 은어도 매한가지라 덩치 크고 힘 센 멋진 놈들이 암놈을 다 차지한다오.

아무튼 앞에 말한 양양 남대천에 가보면 낚시꾼들이 여기저기에 낚싯대를 드리우고 있는 것을 심심찮게 볼 수가 있다. 은어 한 마리는 보통 1제곱미터 강바닥에 제 살터를 잡는다. 은어는 서슬이 시퍼런 고기다. 성깔이 있다는 말이다. 근방에 뜨내기가 얼씬만 하면 달려나가 눈알을 부라리고 죽자고 쫓아내버린다. 바로 이곳이 세력권(勢力圈, territory)이다. 암팡진 은어는 심한 텃세를 부리는 물고기로 이름이 나 있다. 생물치고 텃세를 부리지 않는 것이 없다지만 은어는 좀 유별나다.

그런데 이런 은어의 생태를 낚시꾼들이 교묘하게 이용하니 말해서 놀림낚시라는 것이다. 산 어린 은어나 은어 모형을 낚시 끝에 매달아 은어가 노니는 곳에다 던지고 흔들어대면 이 침입자를 몰아내기 위해 은어가 난폭하게 날뛰면서 몸부림을 치는데 이때 미끼 옆에 달아맨 예리한 가시 바늘이 그만 은어 코를 꿰고 만다. 과한 욕심을 부리다가 은어는 배때기를 찔린다. 어디서나 과욕(過慾)이 문제라니까. 그래서 같은 '과욕'이지만 '욕심 적음'을 나타내는 과욕(寡慾) 부림이 좋다는 것을 잊지 말 것이다. 더뎌도 좋다, 느려도 좋다. 왜 그리 서두는가. 권력, 재산, 명예 이 셋을 삼부(三富)라 하던가. 이놈의 신기루를 좇다가 그만 목이 타 죽고 만다. 불교에선 그것을 삼악(三惡)이라 한다. 과욕은 못쓴다. 지족최상(知足最上)을 필자가 마음에 새겨놓고 살듯이, 멈출 줄 아는 사람이 될지어다.

먹는 이야기가 이제 나오는데, 석학 임어당(林語堂, Lin You-Tang) 선생이 일갈(一喝)하신다. "중국 사람들은 물고기만 보면 잡아먹을 생각을 하지, 그것을 키워서 자람이나 산란, 습성 등을 관찰할 생각은 하지 않는다. 그래서 중국의 과학이 뒤떨어졌다." 꼭 우리보고 하시는 비꼼이요, 꾸중이요, 경고가 아닌가 싶다. 그러나 금강산경도 식후경이니 어쩌겠는가. 곳간이 차야 예를 지키는데, 배고픈 사람 눈에 과학이 보일 리 만무하다.

어쨌거나 은어는 몸매만 잘생긴 것이 아니라 맛도 일품이다. 특히 버들잎이 필 무렵에 은은한 향기를 풍기는 그 맛깔이 그지없다. 때문에 중국 사람들은 수박 향기 나는 물고기, '향어(香魚)'라 하고, 미국인들은 '맛있는 고기(sweet fish)'라 부른다. 그리 크지도 않고 작지도 않은, 갓 잡아올린 은어에 통소금을 슬쩍슬쩍 뿌려 숯불에 구우면 하얀 살점에서 향이 돋아나고, 그 따끈한 살에선 감칠맛이 난다. 일부 사람들이 은어를 날것으로 회를 해 먹는 모양이나 간흡충(간디스토마)에 걸리므로 민물고기 회는 삼가는 것이 옳다. 겨울 빙어에도 기생충이 득실거린다는 글이 이 책 딴 곳에도 있다.

그런데 동해안과 같이 하천(河川)이 매우 짧은 곳에서는, 강으로 올라온 은어가 알을 제때 낳지 못하고 겨울을 그곳에서 나는 수가 있어서, 2년짜리 은어가 더러 잡힌다고 한다. 앞에서도 말했지만 은어는 한해살이 물고기라 가을에 산란하고 죽는데, 이렇게 두 해를 사는 놈도 있다.

사람들이 일부러 은어를 잡아다가 강이나 호수에 풀어서 육봉화(陸封化, land locked)를 시킨다. 바다에 가지 않고 민물에 머물러 살아 순응한 것이 육봉이다. 일본의 비와호(琵琶湖)는 오래 전에 은어 육봉화에 성공하였고, 우리나라도 안동댐 상류의 명호천에 잡아넣은 은어가 잘 자란다고 한다. 잘 자란다는 말은 거기서 알 낳고 크는 정상적인 생활사가 이뤄지고 있다는 말이다. 그러나 일부 개체 이야기이고, 대량으로 번식한다는 말은 아니다. 댐 때문에 바다로 내려가지 못하고 마냥 거기서 살면서, 겨울이면 댐의 깊은 곳에서 월동을 한다. 원래는 따뜻한 바다에서 월동하는 물고기가 아닌가. 송어(松魚)가 육봉화된 것이 산천어(山川魚)요, 미국산(종) 무지개송어(rainbow trout)도 육봉화된 놈이다. 자식들, 바다와 강을 오르내리는 것이 싫어 그만 한 곳에 눌러 앉아버린다? 아니면 짠물보다 민물이 더 좋단 말인가.

그런데 안동 명호천의 은어가 어느새 죄다 사라지고 있단다. 은어만 키워 먹었으면 좋았을 것을, 외래종인 베스(bass)와 블루길(blue gill)까지 호수에 잡아넣어서 그만 이것들이 은어를 홀딱 다 먹어버린 탓이다. 죽 쑤어서 개 준다고 하던가. 그만 김 새버렸다. 어디 손 안 대고 코 풀려 들다니. 은어 먹고 베스 낚고, 역시 과욕이 낳은 참사다. 고얀 인간들, 욕심이 한이 없고 끝이 없다니까. 이들 외래종 어류에 대해선 따로 설명이 있다.

아무튼 아직도 바다와 강이 만나는 어귀에는 은어들이 종종 채집된다고 한다. 끈기와 참음의 대명사인 은어! 아직 씨는 마르지 않았다는 말이다. 은어 떼가 올라올 무렵의 섬진강은 물 반 고기 반이라 은빛 비늘에 반사된 햇살로 물줄기가 새하얗다고 한다.

강을 잃은 우(愚)! 이것은 문명의 만종(晚鐘)! 하여, 나무를 주목하되 숲을 놓쳐서는 안 된다는 경종(警鐘)! 어디 개가 짖느냐고 콧방귀 뀌던 몰지각한 녀석들에게 들려주는 종(鐘) 소리다.

은어야 미안하다. 이글거리는 분노를 견뎌온 너, 은어야, 참고 기다린 김에 조금만 더 기다려다오. 슬픔도 꼭꼭 씹어야 체하지 않는 것. 어느 강에서나 은빛 발산하며 마음껏 내달리는 발랄한 은어, 머잖아 네 세상이 올 거야, 틀림없이.

망둥이가 뛰니 꼴뚜기도 뛴다

7

제목은, 실속도 없이 남이 하는 대로 멀뚱히 따라 하는 어리석은 사람을 놓고 하는 말이다. 부화뇌동(附和雷同)과 한 통속의 것이다. 줏대 없는 녀석들을 비아냥거리는 것이다. 아무튼 "장마다 망둥이 날까?"라는 말을 봐도 이 망둑어가 우리와 아주 가까운 물고기가 아닌가 싶다. 망둑어는 바닷가 옅은 물이나 민물과 짠물이 섞이는 기수역(汽水域) 연안에 많이 산다. 물가 질펀한 개펄 바닥에 우두커니 드러누워 놀다가 가까이 오는 침입자에 구애받지 않고 요지부동하다가는 귀찮은 듯 이내 물 안으로 파다닥 머리를 처박는다. 다급하면 뛰어드는 것은 물론이다. 필자가 보기에 그놈들이 논다고 했지만, 실은 애써 먹잇감을 노려보고 있었거나 큰 물고기를 피해 도망을 나와 있었는지 모를 일이다. 아니면 제 딴엔 따뜻한 볕을 쐬어 열을 올리려고 머리를 빠끔 내놓은 것이든지.

허나, 어느 물고기나 한가하게 노는 놈은 없다. 피 터지는 생존경쟁의 연속은 물고기나 사람이나 매한가지이기에. 그런데 과연 꼴뚜기가 물가에서 뛸 수 있는 것일까. 그놈들도 물가로 몰려오는 수가 있으니, 그렇다고 치자. 아무튼 탄탄한 심지(心志)를 잃지 말고 경거망동(輕擧妄動) 하지 말라는 경구(警句)가 밴 제목임에 틀림없다.

빨리 말해야 할 것이 있다. 생물학을 하는 사람들은, 특히 분류학을 전공하는 이들은(필자도 여기에 든다) 한 생물의 이름을 붙이는 데 매우 신중하여 머리를 다 짜낸다. 그리고 우리말에도 지방어(사투리)를 통일하여 쓰는 표준어가 있듯이 생물 이름도 지방마다 다 다르기에 표준이 되는 것 하나를 정해 쓴다. 그것이 우리말 이름, 즉 국명(國名)이다.

때문에 여기 이 물고기는 국명으로 '망둥이'가 아니고 '망둑어'라고 써야 맞다. 생물학자들이 제정해 쓰는 이름을 따르는 것이 옳다는 말이다. 물고기는 어류학회에 물으면 된다. '반딧불이'를 '반딧불'로 쓴다든지, 눈에 거슬리는 잘못이 수두룩하다. 생물 이름은 생물학자들이 정해 쓰는 것을 꼭 찾아 바르게 쓰자. 해당하는 생물을 전공하는 학회에 연락하면 친절하게 알려준다.

망둑어, 망둥이면 어떻고, 또 망동어면 어떠리. 하지만 일언지하에 망둑어의 어원이 궁금하다. 사전을 찾다보니 망동어(望瞳魚)란 말이 나온다. 멍하게 바라보는 눈(동자)이 큰 물고기란 뜻이 아닐까. 이게 어원으로 맞는 것 같다. 물론 망둑어는 사람을 수상쩍게 생각지 않아서 가까이 갈 때까지도 두꺼비눈으로 끔벅거리며 꿈쩍 않다가 내키지 않는 듯 잇달아 사방으로 도움닫기를 하니 망동(妄動)하는 면도 있다. 눈이 큰 동물임에 틀림이 없다. 잘 보면 툭 불거진 눈이 멍청한 듯, 물끄러미 노려보는 듯한 느낌을 주니 그 이름 '望瞳魚'가 어근(語根)이 아닐지?

그런데 "망둑어 제 새끼 잡아먹는다."라거나 "망둑어가 제 동무 잡아먹는다."는 속담이 섬뜩하다. 생물 속담에도 시대성과 그 생물의 특성이 잘 묻어 있다. 아무렴 속담은 기막힌 관찰의 산물이고, 관찰이 곧 과학이라, 속담에는 과학성이 잔뜩 배어 있다.

시대성은 생물 이름에도 묻어 있다. 예를 들어, 짚신벌레라는 단세포 동물의 이름을 보자. 옛날에 신던 신발, 짚신 꼴을 한다는 뜻인데, 만일에 지금 그것의 이름을 붙인다면 '운동화벌레'라거나 '슬리퍼벌레' 정도였을 것이다. 옛날 우리가 못살 때, 짚신 신을 적에 붙인 이름이다 보니 짚신벌레가 되고 만 것이다. 시대성, 즉 가난함이 한 생물의 이름에 들어 있다. 며느리밑씻개라는 덩굴 식물이 있다. 그 가시 가득한 풀로 어찌 밑을 닦을 수 있단 말인가. 며느리를 미워하는 시어머니의 고약한 심보가 밴 이름이다. 동식물의 이름으로 요상타 하지 않을 수 없다. 역사 외에 문화까지 배어 있으니 말이다.

아무튼 망둑어는 육식성에다 먹새가 아주 좋은 어류다. 하여 제 동무를 잡아먹기도 한다. 낚시꾼들이 망둑어의 이런 습성을 잘 아는지라 망둑어를 잡아서 토막 쳐서 망둑어 낚는 미끼로 쓴다고 하지 않는가. 친구 살점인지도 모르고 아귀다툼을 하면서 덥석 물어버리는 아둔하고 소갈머리 없는 망둑어. 하긴 제 살 베어 먹는 짓을 하는 동물이 어디 망둑어 하나뿐이겠는가.

망둑어도 가지각색이라 우리나라만도 60여 종이 넘게 살고 있고

(더 조사하면 100여 종이 될 것이라고 한다) 세계적으로는 2,000종이 넘는다. 그런데 우리나라에 사는 망둑어의 생태, 습성 등 알려진 것이 너무 적어 이들의 진짜 세계는 모르고 있다. 누누이 말하지만 어류학(魚類學, ichthyology)을 하는 저변 인구가 턱없이 부족한 탓이다. 굳이 말하자면 어디 어류학 분야뿐이겠는가. 돈 안 되는 순수과학이 대접 받지 못하는 풍토에 누가 배고픈 학문을 하려들겠는가. 돈이 뭐기에. 학자들은 선비정신을 되찾아야 한다. 돼지(豚) 똥 같은 것이 사람 잡는 줄은 안다만.

일본 아키히토 왕이 바로 이 망둑어를 전공하고 있다는 사실은 우리에게 신선한 충격을 준다. 아니, 주고도 남는다. 왕이라면 궁궐에 틀어박힌 정객(政客) 정도로 아는 우리에게 말이다. 궁중에 연구실을 차려놓고 물고기를 연구하는 왕의 모습이 참으로 아름답지 않는가. 임금이 앞장서서 '과학'을 하는 나라가 어찌 과학이 번성하지 않으리……

부럽다, 부러워. 아니다. 못된 열등감의 산물로, 옆집이 잘되고 번성하는 꼴에 배알이 꼴린다. 저 섬나라 일본의 저력이 어디에 있는가를 알아냈도다! 흐름이랄까, 분위기를 잡아주는 일을 하는 것이 왕일진대 일본 왕은 제대로 된 왕이로다. 역시 부럽다. 한데 말이다, 왜 미군들은 군정을 한답시고 우리나라 임금은 없애버렸으되 일본은 남겨둔 것일까. 섣불리 잘못 말하면 욕을 바가지로 얻어먹을 터, 입 조심할 것. 분통 터지거든 실력을 쌓아 국력 신장에 온몸을 바칠지어다. 궁색한 변명일랑 때려치워라. 약자는 언제나 어디서나 애꿎게도 돌리고 놀림 받고 터지게 되어 있다. 복(福)도 저절로 오지 않는 법, 닦아야 온다.

본론으로 오자. 망둑어는 특이하게도 등에 지느러미가 두 개가 있고(다른 물고기들은 보통 1개다) 가슴지느러미 두 개가 하나로 합쳐져서 둥근 모양을 하니 그것이 척척 달라붙는 빨판〔흡판(吸板)〕역할을 한다. 머리 위쪽에 큰 눈 두 개가 아주 가깝게 붙었고 또 툭 튀어나온 눈쟁이라 망동어(望瞳魚)란 이름이 붙은 것이리라고 했다. 그리고 지느러미가 잘 발달해 모두 길고 넓다. 그런데 망둑어 무리 중에서 민물에 와서 사는 것이 있으니(민물고기는 모두 바다에 살다가 그 옛날 강으로 올라온 것으로 생각) 밀어(密魚)나 갈문망둑이 그것들이다. 이들은 가슴지느러미가 변한 빨판(sucker)으로 돌에 찰싹 달라붙으므로 급류에 휩쓸리지 않는다. 기가 막히는 적응이요 진화 아닌가. 몸이 유선형이 아닌 대신에 이런 기관이 보상(補償)으로 생겨나 물에 떠밀리지 않는다니 말이다. 물살이란 악조건의 환경이 없었더라면 이런 일이 일어나지 않을 터인데. 그렇다, 우리도 그렇다. 젊어서는 사서 고생을 해야 하듯, 어려운 환경에 놓인 생물은 고난을 이겨나가려고 든다. 좋은 환경에선 진화가 없는 법. 젊어 흘리지 않은 땀은 늙어 눈물이 된다던가. 정진(精進) 또 정진, 맹진(猛進)할지어다. 백척간두진일보(百尺竿頭進一步), 살래살래 흔들리는 장대 끝에 선 막다른 위험에 처했어도 한 발자국 앞으로 나아간다! 슬픔을 모르는 사람이 어찌 기쁨을 알리오!

우리같이 두메산골에서 어린 시절을 보낸 사람들은 잘 모르지만 바닷가 사람들은 망둑어를 잡아서 회를 떠서 먹기도 하고, 등을 짜개 꺼덕꺼덕 말려서 구워 먹거나 탕을 끓여 먹는다고 한다. 망둑어탕 하면 누가 뭐래도 강원도 동해안(영동) 지방에서 즐겨 먹는 꾹저구탕이 가장 대표적이다. 꾹저구탕 이야기는 다음에 나온다. 꾹저구는 꼬마에 들고, 우리나라에 가장 흔한 문절망둑과 풀망둑 중 아주 큰 놈은 그 몸길이가 한 자(30센티미터)나 된다고 하니 작은 생태(生太)만 하다.

물론 망둑어는 알을 낳는다. 바다에 사는 놈들은 주로 개펄에 5센티미터가 넘는 구멍을 파고 그 안에 알을 낳는다. 기수나 민물에 사는 놈들은 땅바닥을 파고 돌 밑에다 알을 붙이는데, 아비가 새끼 굴을 지키는 것은 말할 필요도 없고, 굴 안을 들락거리면서 지느러미를 흔들어 신선한 산소가 많이 녹아 있는 물을 쉼 없이 흐르게 한다. 가시고기나 둑중개가 그렇듯이, 여러 물고기들이 지극한 애비 사랑을 발휘하는 것을 보면 신기하기만 하다. 세상에, 물고기 놈들이 말이다! 물고기보다 못한 사람 아비도 쌔고 쌨는데 말이지.

눈에 보이는 것 모두가 부처님이라 하듯이 이들 물고기도 우리 선생님이다. 한마디로 자연이 우리의 거울이다. 마음의 거울 때를 깨끗이 닦고 씻어 맑게 하자고 이런 부스러기 글을 쓰고 있는 것이다. 또 읽는 것이고.

다른 어류도 그렇지만 망둑어 연구도 아주 미진하다. 그래도 그나마 생태가 제법 알려진 민물 망둑어인 밀어를 보자. 전술했지만 이놈은 일찌감치 바다에 살던 것이 민물로 올라와 사는 종이다. 몸길이가 40~120밀리미터밖에 안되는 아주 작은 물고기로, 체색은 암황색(暗黃色)이지만 산란기의 수컷은 몸이 검어지고 등지느러미 끝이 청색으로 바뀐다. 잡식어로 자갈 밑에다 5월에서 8월에 걸쳐 산란한다. 보통 한 마리가 500개 이상 산란을 하며 알은 타원형으로 길쭉하다. 20도 근방의 수온에서 84시간이면 부화하고, 이렇게 부화한 치어는 곧바로 바다나 호수로 내려가 자란 다음 다시 강으로 올라온다. 산란기에는 떼를 지어 버글버글 미어터지지만 겨울이 되면 따로 떨어져 지낸다.

그런데 옛날 문인, 고관들이 한강 강둑에 나가 밀어를 먹으면서 시 한 수 읊으셨단다. 시를 난 화분에 담지 않고 고추장 통에 담은 우리 조상님네들이시다. 고추장에 산 밀어를 잡아 넣어두고서 불그레한 고추장을 양껏 집어먹은 밀어를 술안주로 했다는데 그 맛이 일품이었다고 한다. "봄 망둥이는 개도 안 먹는다."고 하니 우리 선조께서는 아마도 기름이 자르르 흐르는 늦가을 밀어를 즐기셨으리라. 월동하느라 기를 다 잃은 푸석한 봄고기는 어느 하나 맛나는 것이 없다.

그건 그렇다 치고, 요 근래 전대미문(前代未聞)의 사건이 터졌다. 우리나라 문절망둑 녀석이 미국 샌프란시스코와 호주 시드니에서 발견된다고 하니 어찌 이런 일이 일어난다? 외국 종이 우리나라에 들어와서 들난리를 친다고 야단만 했지, 우리 것이 외국에서 한껏 뻐기며 설치는 것은 금시초문인 사람이 대부분일 것이다. 미국에 건너간 우리나라 재첩, 멍게가 판을 치고 있다는 글을 딴 곳에 썼는데, 망둑어까지 외국에 나가서 날뛴다니 얼마나 기분이 좋은가. 국위 선양은 이렇게 하는 것. 이것은 일본에도 사는지라, 일본 배나 우리 화물선을 타고 가서 종자를 퍼뜨린 모양인데, 적응력이 엄청 강한지라 가능한 일이다. 일본 전국의 호수와 연못을 헤집고 다니는 가물치도 우리 것이고…….

사람들도 외국으로 많이많이 이주하여 가는 곳마다 넓은 터를 잡아 수를 늘려가야 한다고 가르치는 나는, 다음엔 "여러분, 저 갸륵한 문절망둑어를 닮아다오."라고 부르짖을 것이다. 기죽어 맥 못 추는 우리에게 새삼 힘을 주고 자존심을 세워주는 녹록지 않은 문절망둑이 아닌가. 부언컨대 망둑어를 우습게 얕잡아보지 말 것이다. 세계를 누비며 넘나드는 우리 토종 물고기가 아닌가. 부디 오대양 육대주를 깡그리 석권할지어다, 너 장한 문절망둑아. 걷잡을 수 없는 설렘 그 자체다!

　　'꾹저구'란 이름이 붙은 내력이 있다. 조선 중기의 송강(松江) 정철(鄭澈) 선생이 강원도 관찰사로 있을 때로, 주문진을 순방하던 중에 식사를 하게 되었다. 그날따라 바람이 몹시 불어서 배가 고기잡이를 못 나가자 그곳에 나는 민물고기로 탕을 끓여 올렸다. 송강은 탕이 맛이 있어 이 고기가 무슨 고기냐고 현감에게 물으니, "저구새가 꾹 집어먹은 고기."라고 대답했다. 이에 송강은 "앞으로 이 고기를 '꾹저구'라 불러라." 했고, 하여 아직도 그대로 쓴다. 꾹저구란 이름 하나에도 사람의 인연에다 역사까지 배어 있어 너무 좋다. 이야기에서도 대관령 동쪽 사람들이 이 물고기를 즐겨 먹어왔다는 것을 알 수가 있다.

　　동해안 사람들이 즐겨 먹는 꾹저구탕은 바로 망

둑어의 일종인 꾹저구라는 놈을 끓인 것이다. 딴 친구들은 '살망둑', '얼룩망둑' 하며 모두 고기 이름 끝에 '망둑'을 붙이는데 유별나게 꾹저구는 망둑이란 말이 붙질 않고 그냥 꾹저구다.

오래 전 이야기다. 동해안 채집을 갔을 때다. 구체적으로 속초에서 점심을 먹을 참으로 제자를 불러냈다(가끔 이렇게 민폐를 끼친다, 그것도 가까운 제자라야). 이름난 토속음식을 대접한다고 해서 달려 찾아갔더니 바로 망둑어탕 집이 아닌가.

김이 펄펄 끓어오르는 꾹저구탕을 질펀하게 먹고 있는데, 시끌버끌, 북한의 "김일성이 죽었단다."는 웅성거림이 들렸고, 정신 차려 보니 TV에서도 그 사실을 방송하고 있었다. 순간 꿀 먹은 벙어리가 되었다. 단골손님들도 믿기지 않는 듯 서로 눈만 멀뚱멀뚱. 통일에 평화가 깃들 줄 알았는데, 아직도 그러고 있다. 이 말은 왜 하는가. 꾹저구탕 맛과 그 제자의 고마움을 잊을 수 없다는 뜻이다. 아무튼 꾹저구탕은 맛깔스럽고 시원하여 해장에 좋다. 그러면 꾹저구가 어떤 고긴가를 알아보자. 알고 먹으면 더 맛이 날 터인즉. 여자에게는 미용에 좋고 남자에게는 숙취와 스태미나에 좋아 보양(補陽)으로는 최고다.

먼저 꾹저구탕의 요리법을 간단히 보자. 꾹저구와 고추장을 같이 넣고 한두 시간 넘게 낮은 불로 지긋이 끓인 다음에, 꾹저구만 건져 내어 갈아서 다시 솥에 넣은 뒤 파를 넣고, 마지막으로 밀가루와 달걀을 풀어 끓인다. 그리고 먹을 때 마늘, 풋고추, 산초나 후추를 수북이 넣는다. 끓일 때 감자, 마늘, 된장을 넣기도 한다. 집집마다 요리법이 조금씩 다르다. 뭘 더 많이 넣고는 엿장수 마음대로다. 그러나 정성을 쏟기는 어느 집이나 매한가지다. 아무튼 이 글을 쓰면서도 구수한 냄새에 침이 한가득 돈다. 춘천에도 탕을 하는 집이 있어 여러 번

먹어봤기에 군침이 나오는 것, 조건반사 중추가 형성되었다는 뜻이다.

스무 종이 넘는(50종이 넘을지도 모른다고 주장하는 학자도 있다) 망둑어 중에서 꾹저구[Chaenogobius urotaenia]를 아주 닮은 것이 두 종이 있으니 살망둑과 얼룩망둑이다. 망둑어 무리는 분류학적으로 농어목(目), 망둑엇과(科)에 속하며, 세계적으로는 600종이 넘어, 종 구별이 아주 까다롭고 어려워서 학자들도 접근하기를 꺼리는 분야라고 한다. 일본 왕이 바로 이 망둑어를 전공하여 업적을 인정 받고 있다는 것은 익히 잘 알려져 있다.

꾹저구는 머리가 넓고 평평하며 입이 커서 입구석이 눈 뒤까지 미치며, 요상하게도 혀끝이 둘로 갈라져 있다. 등지느러미는 두 개고 가장자리가 둥글다. 꼬리지느러미는 부채처럼 짝 펼쳐져 있고, 가슴지느러미는 크고 길며 둥글다. 즉, 가슴지느러미가 변해 납작한 빨판이 되었고, 그것으로 돌이나 땅바닥에 납작 달라붙을 수가 있다. 이것이 아주 특이한 구조다. 강에 사는 밀어라는 물고기도 바로 망둑어 무리에 드는 것으로 역시 빨판이 발달해 있다.

꾹저구는 몸바탕은 엷은 황색을 띠는 갈색이고, 몸통 옆면 중앙에는 7~9개의 검은 점이 줄지어 있다. 등에도 검고 커다란 구름 모양의 반점이 흩어져 있다. 주로 바닷물이 드나드는 강 입구에 살지만 중류까지도 거슬러 올라온다. 물론 농수로(農水路)에도 무더기로 올라온다. 육식성으로 수서곤충이나 어린 물고기를 잡아먹고 산다. 꾹저구는 육식성이라 탕에서 흙냄새나 비림이 덜하다. 산란기는 5~7월경이며 수정된 알이 깨는 때에 수컷이 부성애를 발휘한다. 수정란은 2주일 만에 부화하고 그 치어는 곧바로 바다로 내려가는데, 주로 동해안에 산다. 기록으로는 주로 강원도와 경상북도 해안에서 채집되고 있다. 바다에서 살다가 3센티미터 정도 크면 강으로 올라와 돌 밑에서 월동을 한다. 대략 10센티미터가 되면 다 큰 물고기다. 이렇게 다 큰 실팍하고 통통한 놈을 잡아 탕을 끓인다.

꾹저구는 망둑어의 일종이고 강(민물)과 바다(짠물)를 번갈아 오르내리는 물고기요, 역사와 끈을 맺고 있는 어류라는 것을 얘기했다. 필자가 마음으로 섬기는 송강 선생께서는 지금 어디에서 뭘 하고 계실까. 누구나 언젠가는 죽어야 한다는 것을 재음미케 하는구나. 필자는 무엇으로 이름을 남기고 간담. 동해안에 가면 꾹저구탕을 다시 한 번 먹어보리라. 거참, 거지 눈에는 밥만 보인다더니만……

　"메기가 눈이 작아도 제 먹을 것은 다 본다."
고 하니 아무리 미련하고 무식한 사람이라도 자신
의 이해관계는 다 알아본다는 말일 게다.

　민화(民話)에 자주 등장하는 민물고기로 눈 작은
메기와 우람하게 잘생긴 잉어는 빼놓을 수가 없다.
그만큼 우리와 가까운, 우리가 즐겨 잡아먹던 물고
기들이 아닌가 싶다. 아니, 실제로 필자도 지리산 아
랫자락, 낙동강 최상류의 한 자락인 덕천강(德川江)
을 끼고 살아 이 고기를 늘 보며 자랐다. 팔뚝만 한
놈을 잡는 날이면 "요놈을 어머니 고아 드려야지."
라는 생각이 제일 먼저 떠오르지 않았던가. 핏기 하
나 없는 우리 어머니 몸보신엔 그놈들이 제일이렷
다. 푹 고아 뼈만 추려낸 젖빛 희뿌연 국물은 피가
되고 살이 되었다. 오늘따라 퀭한 눈을 하신 어머니

73

가 후루룩후루룩 메기 곰국물 마시던 모습이 눈앞에 아른거린다. 제발 어버이 살았을 적에 섬기기를 다하여라. 전생(前生)은 금생(今生)에서 받는 것을 보면 알고, 내생(來生)은 지금 하는 것을 보면 안다고 했다. 쉽게 말해서, 지금의 나는 지난날에 내가 행했던 것이요, 미래는 내가 지금 행하는 것. 부디 적선(積善)하고 효도하라. 천천히라도 서둘러야 한다. 부모야말로 그 무엇에도 비할 수 없는 최고의 신(神)이다!

메기가 물 위로 올라오면 비가 온다고 한다. 저기압이 되면 수면으로 날파리들이 흩날리고 그것을 잡아먹고자 고기들이 위로 떠오른다고 하니, 아마 메기도 그런 연유에서가 아닐까 한다. 그러나 메기는 물 위로 잘 떠오르지 않는다. 다른 물고기를 먹는 육식성 어류요 야행성이라는 점을 고려하면 이 속담엔 선입감이 있다 하겠다. 대부분의 주행성 물고기들이 저기압 때 수면으로 떠오르는 것은 사실이다. 하여, 낚시꾼들은 흐린 날에 월척을 낚는다. 주행성 물고기와 야행성 물고기는 어떻게 나눌까? 간단히 말하면 붕어나 잉어, 피라미처럼 몸이 납작하고 비늘이 은빛을 내는 놈들은 모두 주행성이고, 뱀장어나 메기 등과 같이 몸통이 둥그스름하고 몸 색깔이 어둡고 흐린 것들은 모두 야행성 어류다. 야행성은 어느 것이나 육식성인 점도 특징이다.

그보다는 메기는 지진을 예보하는 물고기가 아닌가. 수조에 키우는 메기가 갑자기 날뛰며 발작한다면 몇 시간 후에는 여지없이 지진이 일어난다. 지전류(地電流)의 변화에 아주 민감한 동물이라는 말이다. 들쥐, 거머리 같은 동물들도 이런 본능을 가지고 있다. 부글부글 끓어대며 마그마가 흐르는데도 어처구니없게도 마냥 낮잠이나 자는 미련한 동물이 머리에 털 난, 사람이란 짐승이다. 민망스럽기 짝이 없구려.

메기는 비늘이 없다. 그래서 속담에서도 그걸 빗대어 "메기 나래에 비늘 있겠다."라고 한다. 원래부터 없던 것이 돌연히 생겨날 수가 없다는 말이다. 살갗을 보호하는 비늘이 없는 어류는 모두 다 살 껍질에 짙은 진을 쏟아내어 피부를 보호한다. 미꾸라지가 그렇고 뱀장어가 그렇다. 그리고 입이 아주 큰 사람을 "메기주둥이 같다."고 하고 가뭄이 들어 흐르는 물이 너무 적을 때 "메기 침 흘리듯 한다."고 한다. 산골 사람들의 성미가 도시 사람들보다 사납지 않으나 화나면 물불을 가리지 않는다는 뜻으로 "산골 메기가 쏜다."라고 한다. 촌닭이 읍내 닭 눈알 빼먹는다는 말이지. 이렇게 웃고 웃기기를 좋아했던 짓궂은 우리 민족인데, 어찌하여 최근엔 직선에 맛을 들여 곡선의 사고를 못 하고, 조급증에 물들었는지 모를 일이다. 썩어 문드러진 현대 문명, 문화라는 것이 이런 것인가. 넌더리 나는 문화 횡포에 놀아나는 우리가 마냥 애처롭고 애달다. 하여, 온고이지신(溫故而知新)을 되뇌어 본다.

서양 사람들은 메기가 고양이 닮았다고 '캣피시(catfish)'라 부른다. 비린내가 나고 비늘 없는 고기를 먹지 않는 그들이지만 그래도 비림이 거의 없는 메기는 먹는다. 참고로, 미국인들이 가장 좋아하는 것이 새우와 바다가재이고, 다음 3위가 메기라고 한다. 아무튼 커다란 머리에 넓적한 입, 아주 작은 눈, 거기다 길고 하얀 수염이 붙어 있어서 우리가 봐도 청상 고양이를 닮았다. 서양 사람들은 정말로 먹을 게 넘치는 모양이다. 비린내 나는 고기를 먹지 않는 것은 물론이고 비늘 없는 물고기(오징어 등)도 먹지 않는다(성경에 금한다고 하던가?). 우리는 어떤가. 중국 사람들은 하늘의 비행기와 바다 밑 잠수함, 그리고 책걸상을 빼곤 다 먹는다는데, 우리도 더하면 더했지 그보다 못하진 않다. 말해서 철저한 잡식동물인 셈이다. 우리가 먹는 것보다 입는 것에 흥청망청 써버리는, 겉멋을 중시하는 외화내빈(外華內貧) 형이라면, 중국 사람들은 먹는 것을 첫째로 치는 외빈내화(外貧內華), 즉 아주 실리적이고 실질적인 실사구시(實事求是) 형이다. 아무리 허름하게 옷을 입어도 먹는 것 하나는 챙기는 사람들이라는 것을 필자도 중국 여행길에서 목도한 바 있다. 실은 나도 거기에 속한다. 다 절약하되 먹는 것에는 아끼지 말라고 부탁 당부한다, 집사람에게. 어이없게도 체면치레에 정신을 다 빼앗긴 우리는 쫄쫄 굶으면서도 겉치레는 번드르르하게 한다. 벗은 거지는 굶고 입은 거지는 얻어먹는다고?

메기목에는 메깃과, 동자갯과, 퉁가릿과 등 모두 3과 11종이 우리나라에 서식한다. 앞에서도 말했지만 이것들은 모두가 육식성 어류고 밤에 활동을 하는 야행성이다. 물고기도 주행성과 야행성이 있단 말인데, 육식성인 놈들은 거의가 밤에 활동을 한다. 메기는 머리가 크고, 가슴지느러미나 등지느러미에 센 가시가 있고, 그 끝에 독샘(선)(毒腺)이 있어서 찔리면 아리고 아프다. 순하디순한 메기도 지느러미에 독가시를 숨기고 있다! 그리고 메기를 입이 크다 하여 대구어(大口魚)라고도 하는데 사실 입이 크다. 그리고 메기는 입가에 양반다운 하얗고 긴 수염을 달고 있다. 그건 왜 달고 다니는 것일까. 고양이 수염이 그렇듯이 먹이를 찾거나 헤엄칠 때 먹잇감이나 방해물을 알아내기 위함이다. 수염에는 촉각세포가 분포해 있어서 쉼 없이 수염을 흔들어댄다. 수염은 멋 부리기 위해 있는 것이 아니라는 말이지. 머리통은 상하로 납작한데 몸통 뒤로 갈수록 좌우로 납작해지고, 뒷지느러미는 아주 길게 아래로 뻗어 있다. 메기는 물 흐름이 느린 곳에 주로 살며, 강은 물론이고 저수지나 늪지대에도 잘 사는, 오염을 꽤나 견뎌내는 종이다. 낮에는 바위 밑이나 돌 틈에 숨어 꼼짝 않다가 밤이 되면 어슬렁어슬렁 기어 나와 제보다 작은 고기나 새우, 다슬기 등을 잡아먹는다. 단단한 껍질을 가진 다슬기도 가리지 않는 먹새 좋은 놈! 그리고 대부분 물고기는 주행성이라 밤이면 물가로 나와 잠을 자는데, 메기는 밤마다 이 먹이를 찾아 얕은 물로 따라 나온다.

그렇다, 물고기는 잠을 자도 눈을 감지 않는다. 땅, 땅, 땅! 고즈넉한 산사에서 아스라이 들려오는 목탁 소리! 그것은 물고기를 본뜬 목어(木魚)가 아니던가. 몸통이 큰 복어를 닮았다고 할까. 기독교의 상징이 물고기인 점과 어쩌면 닮았단 말인가. 결국 종교는 공통점이 있는 것이니, 불교와 기독교는 불이(不二)의 관계다. 엉뚱한 소리지만 물고기는 물에 살아 자나 깨나 몸을 씻어대니 얼마나 심신(心身)이 정결할까. 세례(洗禮)가 필요 없는 동물이여…….

메기도 겨울이 되면 움직임을 줄여서 에너지 손실을 예방한다. 진흙 사이에 끼어들기도 하지만 돌 밑에서 죽은 듯 찬 세월을 보낸다. 그러다가 봄 오고 여름(5~7월 경)이 오면 조무래기 큰 놈 할 것 없이 암수 메기가 웅덩이나 얕은 곳에 떼 지어 몰려와 짝을 찾는다. 마음에 드는 짝이 정해졌다 싶으면 수놈은 야멸차게 달려들어 암놈의 가슴팍을 온몸으로 돌돌 말아 죽일 듯이 죄어들며 암놈의 산란을 자극한다. 미꾸라지도 다르지 않아, 비틀어 알을 짜내듯 감아 젖힌다. 탄력 있는 두 개의 근육 덩어리가 요동치는 것을 보노라면 "야, 대단하다!"는 말이 절로 나온다. 저걸 보고 메기탕, 추어탕이 정력에 좋다고들 하는 것이리라. 보통 때는 여유를 부리는 메기지만 짝짓기에는 발빠르게 역동적으로 활동을 하니, 말하자면 젖 먹던 힘까지 다 쓴다.

씨 퍼뜨리기에 죽을힘을 다 쏟는다는 말이다. 암놈이 산란을 했다 싶으면 수놈은 잽싸게 달려가 정자 씨앗을 마구 뿌려댄다. 종족보존에는 고등 하등, 잘난 놈 못난 놈, 물불 가리지 않는다. 생물이 사는 목적이 바로 여기에 있으므로.

제목에서 보듯이, 메기와 비슷한 이름을 한 미유기라는 물고기가 있다. 보통 사람들이 이 물고기를 보면 아마도 어린 메기 정도로 생각할 것이다. 몸집이 작아서 그렇지 모양이 천연 메기를 닮았다. 그러나 당당히 딴 종(種)으로, 분류학상으로 뚜렷이 제 영역을 차지한다. 게다가 미유기는 이 세상에서 우리나라에만 사는 고유종(특산종)이다. 지구에서 내 땅, 한국에만 사는 생물이라면 이를 어떻게 대접해야 하는가? 메기에 비해 덩치는 작고 몸은 훨씬 가늘고 긴 편이다. 또 등지느러미는 퇴화하여 아주 작으며, 사는 자리도 달라서 보통 강 상류나 작은 내에 산다. 메기가 체색이 거무스름하다면 미유기는 밝은 회색이다. 서식처의 환경에 따라 조금씩 다르긴 하지만 보통 사람들이 보면 그게 그것이고, 고만고만하여 구별을 못 하는데 어류학자들은 턱주가리, 눈퉁이 하나만 이상해도 딴 종으로 분류하여 이름을 붙인다. 이 말을 어류 전공 학자들이 들으면 모멸감을 느끼고는 핏대를 세우며 독지느러미를 곧추세울 것이다. 그러나 어쩌리, 필자도 달팽이 꼬락서니가 조금만 달라도 눈에 불을 켜고 들여다보며 다른 종이 아닌가 하고 별수를 다 부리는 걸.

누가 뭐라 해도 메기는 매운탕의 대명사다. 같은 무리에 속하는 퉁가리, 동자개, 빠가사리도 고추장을 잔뜩 풀고 우거지나 고사리를 한껏 넣어 푸욱 끓이면 맛깔 좋은 매운탕이 되니, 육질이 희뿌옇고 살이 깊고 부들부들하여 소화가 저절로 된다. 우리는 고기 몇 점만 있어도 삶고 끓인다. 중국 사람들이 기름에 볶아대고 튀기는 것이 특징이라면 우리는 국물 없이는 밥을 넘기지 못한다. 유학생들이 식사 준비하는 것에서도 단방에 국적이 나온다고 하지 않는가. 국을 끓이고 있는 학생은? 먹는 게 뭐기에……. 자동차에 기름 붓기가 아닌가. 그러나 쌀 한 톨에도 우주가 들어 있고, 농부가 흘린 땀의 결실이 그것이고 보면 꼭 그렇지만은 않다. 수행자들이 공양(供養) 때 공양발원문을 마음으로 왼다. "한 방울의 물에도 천지의 은혜가 스며 있고, 한 톨의 곡식에도 만인의 노고가 담겨 있습니다. 이 음식으로 이 몸을 길러 몸과 마음을 바로하고 청정하게 살겠습니다. 수고한 모든 이들이 선정(禪定) 삼매(三昧)로 밥을 삼아 법의 즐거움이 가득할지이다." 이렇게 절에서 먹는 음식은 저잣거리에서 먹는 것과 행위는 같으나 태도는 판이하다. 음식의 고마움을 알아야 한다.

이야기가 엇길로 한참 갔다. 그런데 애석하게도 요새 먹는 메기는 토종(土種)일 확률이 아주 낮다. 십중팔구 유입종인 찬넬메기(Channel catfish)를 먹는다고 보면 틀림없다. 미국에서 들여온 종인데, 양식이 쉬워서 세계적으로 인기를 끈다고 한다. 세가 난다는 말이다. 그런데 이 종의 우리말 이름이 '찬넬동자개'다. 메기보다는 동자개를 더 닮았다는 것이다. 녀석은 성장 속도가 아주 빠르다. 덩치도 꽤나 커서 우리도 인공사육을 많이 해 왔는데, 일부는 그물을 뚫고 나가(실은 뚫린 곳을 빠져나간 것임) 호수나 큰 강에서 자생(自生)한다고 한다. 강이라는 자연에 이미 동화하고 적응을 하였다는 말인데, 그래서 이제는 유입종이라거나 외래종이란 말이 도통 어색하게 되고 말았다. 녀석들이 무혈입성(無血入城)하여 이젠 당당히 우리 물고기가 된 것이다. '어머니, 대자연(mother, the great nature)'이 그들을 받아들였으니 우리가 뭐라 하겠는가. 너희들, 여기 한국에 살아도 좋다고 어머니가 허락을 했다는 말이다.

한국에 귀화하면 한국인이 되듯이 이 물고기도 이젠 우리 물고기다. 아무튼 맛도 토종과 같아서 구별이 어려우니 이제는 토종 메기니 찬넬이니 구분하는 것도 별 의미가 없다. 한때 황소개구리를 단방에 우격다짐으로 다 잡아 죽일 듯이 설쳐댔으나 그 결과를 보면 웃음이 나와 입을 다물 수가 없다. 한 마리에 몇 백 원의 현상금까지 걸고 환경부 장관까지 앞장서서 씨를 말리려 들었으나 이내 의기소침(意氣銷沈)해지고 말았다. 언감생심, 번지도 모르고 시작했으니, 늦게사 얼빠진 행태임을 알아차렸다. 자연의 허락을 받고서 시나브로 우리 땅에 적응하여 잘 살고 있다. 우리 개구리가 되었다는 말이다. 어찌 자연이 사람만 못하겠는가. 처음부터 이 땅에 산 생물은 결코 몇 되지 못한다. 소위 말하는 고유종(특산종)만이 박힌 돌로 살아왔고, 나머지는 모두가 굴러온 돌이다.

우리 한민족도 중앙아시아에서 온 계통, 남방계, 중동계 등 튀기투성이다. 말갈족에 왜놈, 서양놈 피가 죄다 섞여버리지 않았던가. 얼어죽을 단일민족이다. 토종이 어디 있느냐는 말이다. 하로동선(夏爐冬扇)이라고, 여름 난로에 겨울 부채라, 쓸데없고 격에 맞지 않는다. 단일민족이란 말이 그렇다. 근래는 외국인 노동자들이 밀물듯 들어와서 바야흐로 혼혈아가 가파르게 늘고 있다. 또 장가 못 간 사람을 위해 외국 처녀들을 수입하고 있지 않는가. 단일민족이라는 꿈은 빨리 깨는 것이 좋다.

엇길을 멀게 걸어버렸다. 그런데 생물의 이름이 비슷하다는 것은 바로 생김새와 생리, 생태가 유사함을 뜻한다. 메기와 미유기가 그렇다. 분류학자들은 작명(作名) 도사들이다. 메기와 미유기! 아무튼 천연스런 눈 작은 미유기도 제 먹을 것은 잘도 챙긴다. 똥딴지 같은 소리 하나 더, 옛날에는 이 두 물고기가 같은 종이었다.

송사리는 몸길이가 4센티미터 정도밖에 안
되는 아주 작은 어종이다. 그래서 '송사리' 하면 덩
치가 몹시 작고 별 볼일 없는 하찮은 무리를 통칭하
지 않는가. 몸은 길쭉하며 옆으로 납작하고, 입은 작
고, 눈은 둥글고 큰 편이며, 등지느러미는 꼬리 쪽으
로 아주 치우쳐 붙어 있다. 물고기 하나만 해도 어
찌 저렇게 다른 모습을 한단 말인가. 어디 하나 같
은 것이 없다. 이것 또한 생물의 '다양성(多樣性)'이
라는 면에서 보면 재미나는 생물계의 한구석이다.
새 소리도 그렇고, 사람 얼굴도, 음성도 같은 것이
없다. 몸색은 등은 옅은 갈색이고 배 바닥은 회색에
가깝다. 송사리를 잘 모르면, 흔히 어항에 키우는 귀
티 나는 꼬마 물고기 거피를 생각하면 된다. 기품
넘치는 거피는 열대지방의 것을 들여온 것으로 녀

석이 송사리와 같은 종은 아니지만 아주 가까운 피를 가졌고, 새끼를 얼마나 잘 거천하고 치성하는지 모른다. 열대 바다를 옮겨 놓은 어항 하나쯤 거실에 두고 보는 삶도 좋겠다. 그놈들이 날쌔게 솟구치고 휘감으며 뛰노는 모습이, 먹고 자고 다투면서 새끼치기 하는 모습이 바다의 축소판이기에 그렇다.

그런데 왜 비슷한 물고기인데도 열대의 것은 훨씬 화려하고 찬란한가. 우리 송사리는 흐릿하고 맹한데 말이다. 딴 동물들도 하나같이 그렇다. 변온동물은 모두가 열대지방 쪽으로 갈수록 덩치가 커지고 색깔이 수려하고 원색적이다. 반면에 한대로 갈수록 볼품없이 작아지고 몸색도 흐리멍덩해지고 만다. 나비가 그렇고 도룡농이 그렇지 않은가. 그런데 사람을 포함하는 포유류는 더운 곳으로 가면 되레 몸집이 작아지고 추운 지방으로 갈수록 커지는 경향이 있다. 열대 피그미 족과 한대 러시아 인을 떠올려보면 쉽게 알 수 있다.

아무튼 송사리나 거피는 갇힌 어항에서도 어지간히 잘살고 새끼 수발도 잘한다. 사람이 그렇듯이, 작은 생물일수록 번식력이 강한 것은 우연의 일치일까. 아니면 수명이 짧은 데 대한 보상일까. 송사리의 수명은 보통 1년이나 가끔 2년짜리 놈도 채집된다. 이 일을 어쩌나, 몸집 작은 것도 서러운데 명까지 짧다니. 송사리의 산란기는 다른 것들과 비슷하게 5~8월로, 밤을 새하얗게 지새우고 이른 새벽 시간(4~5시경)에 산란한다. 그렇게 수정된 알을 암놈이 배에다 달고 7~8시간을 마냥 맴돌다가 수초에다 갖다 붙인다. 새벽녘에는 고기 좋아하는 야행성 물고기들도 잠드는 시간일까? 하여튼 긴 시간 달고 다니는 것은 수정란의 발생을 어미가 돕는 꼴이고, 천적에게 바로 먹히는 것도 막을 수 있으니 일거양득, 유익한 행동이다. 한 번에 낳는 알이 겨우

10~20개 가량이지만 여러 번 이곳저곳에 낳아 붙이므로 모두 모으면 400~800개나 된다. 수정란은 빠르면 3일 후면 부화하여 어미 빼닮은 어엿한 새끼가 된다. 물론 송사리도 암수 구별이 된다. 등지느러미가 넓으면서 평행사변형 꼴을 하는 것이 허우대 좋은 수컷이고, 암컷은 조금 작고 폭이 좁으며 끝으로 갈수록 가늘다. 등지느러미 끝이 톱니 모양을 하면 수컷이고 민틋하면 암놈이다. 우리는 긴가민가 암수 구별이 쉽지 않으나 송사리끼리는 힐끗 보고도 이성(異性)을 단박에 가늠하여 짝을 찾는 데 힘을 들이지 않는다.

도대체 암수(사랑)의 만남이 뭐란 말인가. 그것 때문에 행복과 불행이 갈라지는가 하면, 거기에 목숨을 걸기도 하니 하는 말이다. 정작으로 고와서 서럽다고 하다던가. 혼자 살아도 괴롭고 둘이 살아도 버겁다고 하니 이리도 못 하고 저리도 못 한다. 아니, 그래서 결혼을 한다. 한 생각 돌리면 세상이 달라 보이는 법. 고생 끝에 유전자(자손)는 남길 수가 있으니 결혼은 하고 볼 일이다. 아무튼 송사리는 그런 쓸데 없는 값싼 고민을 하지 않는다. 오직 튼튼한 유전자를 가진 짝을 고르는 것에 정신을 팔 뿐이다. 그리하여 더 튼실한 자손을 남기는 것, 죽어도 죽지 않는 영생을 얻는 것은 이 길밖에 없음을 송사린들 모를 리 없다.

그런데 그 흔하던 송사리가 드물어져 보기가 어렵다. 어디 하나 제대로 살아남는 놈이 없다지만 돌연 송사리까지 줄어들다니!? "물고에 송사리 끓듯 한다."고 조무래기 송사리는 어디서나 떼를 지어 다녔는데 그놈 만나기가 하늘의 별 따기 만큼이나 어려워진다니, 망조가 들었다. 말 그대로 "큰 고기 놓치고 송사리만 잡는." 그런 꼴이 된 것이다. 강이란 강은 대저 성한 곳이 없으니 말이다. 독자들은 말 안 해도 해결법을 잘 알고 있다.

송사리는 여느 물고기에 비해 높은 온도나 염도(鹽度)에도 강한 명질긴 어류다. 또 사육이 쉬워 생물학에서는 유전과 발생 연구의 실험 재료로 쓸 뿐만 아니라, 오염 측정에도 많이 쓰인다. 꼬마 놈들의 움직임은 무척 날쌔다. 수조에 넣어 키워보면 낮엔 물 표면까지 올라와 날래게 행동하지만 밤만 되면 아래로 슬슬 내려가 수초에 숨어 밤을 지샌다. 그러면서도 언제나 서로 텃세를 부린다. 큰 놈이 더 넓은 영역을 차지하는 것은 당연하다. 다시 말하면 힘 약한 놈들은 큰 놈이 그어 놓은 선을 얼씬거리지도 못하고 에둘러 휙 지나치거나 언저리에서 기웃거릴 뿐이다. 하여 다툼 없이 위계질서를 지키며 평화를 유지한다. 송사리 집단은 쓸데없는 싸움으로 힘을 허비하지 않는 지혜를 발휘한다. 그렇지 않았다면 매일 물고 뜯는 데 힘 다 쏟아부어 어부지리(漁父之利), 다른 종류 물고기만 좋았을 게 뻔하다. 생물은 어느 것이나 한 개체의 생존뿐만 아니라 같은 집단(population)이 살아남는 데도 신경을 쓴다. 사람이란 종자는 그렇지 못하여 서로 해코지하고 잡아죽이는 부질없는 민족 대량학살(genocide)을 예사로 알고, 날이면 날마다 서슴없이 아귀다툼을 해대니 알다가도 모를 일이다. 이 세상에 전쟁 없는 날이 하루도 없으니 말이다. 그러나 동물이나 식물은 페킹 오더(pecking order, 닭 등에서 먹이를 쪼아먹는 순서), 텃세, 층위형성 등의 전략을 구사하여 서로 충돌을 피하고 다툼(이김질)을 줄여 갈 줄 안다.

우리도 옛날엔 동물계나 다름없이 한집안에서 나이와 촌수를 따지는 상하 체계(hierarchy)를 갖추고 있었다. 삼강오륜으로써 어른과 아이, 남녀를 구분하고, 맹종하고 순종하여 가정을 별 마찰 없이 끌어

나갔으나, 요새는 어른이나 남편이 아이들이나 마누라에게 짓눌리고 무시당하는 질서 없는 혼란에 빠지고 말았다. '촌놈은 나이가 벼슬'이라 하지 않았던가. 촌락(村落)에도 노인이 추장이었고. 혼란이 아니라 공황이란 말이 옳을 터. 어찌 됐던 애석하게도 어른의 권위가 실종된 것은 사실이다. 권위의식은 그렇다 치더라도 권위(authority)는 있어야 하는데. 말했다 하면 덮어놓고 허튼 소리라 매도하고, 늙다리는 모두 고루하고 똥고집만 부리는 원조 보수주의자쯤으로 몰아붙이기 일쑤다. 일종의 과도기에서 오는 문화 충돌과 혼돈이라고 보이지만, 썩을 놈의 서양문물을 여과 없이 받아들인 때문이다. 내 것, 우리 전통이 깡그리 무너지고 없어지는 모습에 울화통이 치민다는 말이다. 빌어먹을 놈의 세상. 송사리, 달구새끼(병아리)보다 못한 꼴불견이지. 송사리 놈들이 어항에서 우리를 노려보면서 "몹쓸 놈들." 하고 손가락질하고 수런거리고 있다. 참으로 답답한 일이로고. 노인은 젊은이를 사랑하고 아끼고, 젊은이는 어른을 받들어 경모(敬慕)하는 그런 사회 분위기를. 우리 것이 좋은 것이라 하지 않았던가. 오늘의 청년은 내일의 노인임을 잊지 말라. 우리 세대는(필자는 1940년생임) 큰소리 낼 만큼 고생하면서, 가정과 나라를 일군 사람들이라는 자긍심 하나는 가지고 산다. 젊은 당신들은 우리 나이 되어서⋯⋯?

송사리는 일본, 중국, 우리나라에 널리 사는 말해서 동양 물고기다. 물이 넓으면 송사리도 놀고 청룡(靑龍)도 논다고 하던가. 서울 바닥이 넓어 별의 별 사람이 살듯이(요샌 온통 도시화가 되어버려 서울만이 아니지만) 땅이 넓어지면 생물의 분포도 늘고 종 수도 많아진다. 그건 그렇고, 좁은 우리나라에도 송사리가 두 종류가 있다. 실은 우리나라가 좁다는 생각은 버려야 한다. 땅덩어리 넓이가 세계 몇 원가는 찾아보면 알겠지만 결코 좁은 나라가 아니다. 국민 총생산량이 세계 10위인 나라가 아닌가. 뭘 따져도 열 손가락 안에 드는 무시 못 할 나라가 우리 대한민국이다. 목포에서 청진까지 고속도로로 달리면 몇 시간이 걸리는데 작은 나라라고 할 것인가. 내 것은 작고 못생겼다는 패배의식을 떨치지 못하는 한 한껏 펼쳐 나아갈 수 없다. 하긴 워낙 버거운 나라들을 상대하다 보니 이렇게 주눅이 들고 말았다. 아무튼 송사리 한 마리에서 한 나라의 지질사(地質史)를 엿볼 수 있다니 지대한 관심이 가지 않을 수 없다.

송사리[*Oryzias lapites*]와 대륙송사리[*Oryzias sinensis*]가 우리 땅의 변천사를 설명하는 증인으로 나온다. 이 두 종은 꼴이 아주 비슷하나(옛날엔 동일종이었으나 억겁의 시간을 서로 떨어져 살면서 다른 종으로 분화됨) 조금만 달라 보여도 다른 종으로 떼어 구별한다. 이것들은 사는 곳이 뚜렷이 다르다. 다른 물고기도 그렇지만, 서해로 흐르는 강, 동해로 흐르는 강, 그리고 남해로 흐르는 강에 사는 물고기의 분포는 확연히 다르다. 그래서 중국과 서해안으로 흐르는 강에는 대륙송사리가, 일본과 동남해로 흐르는 강에는 그냥 송사리가 살고 있다. 믿거나 말거나, 아니 꼭 믿자. 한반도는 약 1억 년 전에 느닷없이 바다 밑에서 땅덩어리가 솟아오르는 융기(隆起)가 있었고, 그 뒤 여러 번의 지질 변화로 지금의 모습을 갖추게 되었다. 생겼다가 사라지는 생멸(生滅)은 땅덩어리라고 다르지 않다. 한때는 일본이 우리나라와 붙어 있다가 뜻하지 않게 떨어져 나갔기에 일본에도 우리나라 동남부 강에 사는 송사리와 같은 놈이 살고 있다. 저 물고기는 그 역사를 죄다 알고 있으련만 애석케도 쉽사리 우리에게 그 비밀을 털어놓지 않는다. 인간들이 하는 짓이 하도 가소로워 그럴 것이다. 송사리 한 마리 잡아놓고 동네잔치를 하는, 그런 욕 얻어먹을 짓을 태연하게 하는 우리들이 아닌가. 후생(後生)들이여, 한때는 일본이 우리 땅에 함께 붙어 있었다. 하니, 이들 송사리처럼 서로 가깝게 지낼지어다, 서로 못 잡아먹어 으르렁거리는 견원지간(犬猿之間)으로 남지 말고. 폐일언하고, 대륙성 기질을 가진 우리가 좀스런 섬사람들을 더 넓고 두꺼운 배포로 보듬어주는 것이다. 옳거니, 미움은 미움으로 없어지지 않는다. 국량(局量)을 키워라. 용서만이 미움을 이기는 지름길이다. 언제까지 등지고 살려는가. 여생이 서산마루에 걸려 있는 자가 하는 침묵의 간망(懇望)이다. 이웃을 섬기며 돕고 살라는 말이다. 아무튼 송사리 같은 좀팽이가 되지 말라, 제발!

추어탕(鰍魚湯) 끓이는 법이 국어 큰사전에 질펀하게 상술되어 있다.

미꾸라지에 소금을 뿌려 해금을 토하게 한 다음 쇠고기, 버섯, 두부, 무, 새앙, 고춧가루를 듬뿍 넣고 밀가루를 걸쭉하게 풀어 끓임. 또는 소금으로 해금을 토하게 한 다음 다시 소금을 뿌리고 주물러서 끓는 물에 끓여 살을 무르게 한 다음, 건져내어 뼈를 추리고 다시 그 국물에 넣고 번철(燔鐵)에 지진 얇은 두부 쪽, 표고, 석이 등을 섞어 파, 마늘, 새앙 등을 조금 다져서 한데 넣고 끓인 후에 달걀을 풀어 얹고 고추를 썰어 얹기도 함.

야, 추어탕 한 그릇이 그렇게 쉬이 끓여진 것이

아니로군! 글만 읽는데도 맛깔스런 탕 생각에 군침이 한 입 도는 것을 보면, 필자도 꽤나 추어탕을 먹어 큰골에 조건반사(條件反射) 중추가 꽉 밴 모양이다.

그런데 이렇게 끓인 추어탕은 자근자근 씹을 것이 없다. 그리고 그냥 먹질 않는다. 음식도 궁합이 있기에 양념이 격에 맞아야 제 맛이 난다. 그래서 추어탕을 먹기 전에 반드시 제피(국명은 초피) 가루를 조금 뿌린다. 비릿한 추어탕 냄새를 없애기 위함이다. 참고로 초피나무는 암수딴그루[자웅이주(雌雄異株)]라서 암나무에서만 꽃이 피고 열매가 맺히며, 그 종자는 익으면 빨갛게 변한다. 새까만 씨알은 기름 짜고, 껍질을 빻은 것이 제핏가루다. 이 초피나무는 우리나라 남쪽에만 사는데, 전국적으로 이것을 빼닮은 나무가 있으니 그것이 산초나무다. 초피나무와 산초나무는 비슷하고, 산초나무의 열매는 주로 기름을 짜서 약용한다. 한마디로 초핏(제피)가루는 향료(香料)다. 필자의 고향 경남(산청)에서는 추어탕과 개장국은 필수고 열무김치에도 이 가루를 넣는다. 이것은 다른 향료와 마찬가지로 세균의 번식을 막는다. 중국을 가봐도 남쪽 더운 곳으로 갈수록 우리 입에는 역한 향료를 음식에 듬뿍 넣는다. 여러 나무의 열맷가루나 잎사귀(허브)가 그것인데, 맛도 맛이지만 궁극적으로는 음식이 부패하는 것을 막기 위함이다. 고추, 후추, 마늘 등의 향료는 메스꺼운 냄새를 없애기도 하지만 세균이나 곰팡이의 번식을 막고 죽인다! 우리 시골에 가면 박하를 닮은 방아(배초향)라는 풀이 있다. 이것 없이는 맛을 내지 못한다. 역시 풋고추와 같이 썰어 넣어 전을 부치고, 된장국 열무김치에는 물론이고 순대에도 넣어 먹는다. 알고 보면 중국 남방 음식에 넣는 것과 별로 다르지 않다. 이것은 우리나라 역시도 북쪽 지방에서는 먹지 않는 것으로, 더운 여름에 방부제 역할을 한다. 향료는 어느 것이나 천연방부제요 거기에는 특수 영양소가 들어 있다. 지금은 냉장고가 있어서……. 우리나라 남부지방의 음식이 짠 것도 부패방지에 그 원인이 있다. 하여, 남쪽과 북쪽 사람, 시골과 바닷가 사람들의 입맛이 어찌 같겠는가. 같은 지역 사람끼리, 같은 민족끼리 혼사하는 것은 무엇보다도 이 먹는 문제, 음식 문화 탓이다.

갑자기 옛날 일이 떠오른다. 1987년으로 기억이 난다. 자연대학 학생과장을 할 때다. 매년 총학생회 간부들 20여 명씩을 데리고 여름방학에 대만(타이완) 견학을 가는데, 그해는 내가 인솔교수로서 대동하게 되었다. 대만의 한여름이 얼마나 더운지는 가본 사람만이 알리라. 기름에 지글지글 볶은 음식에 향료는 말할 수 없이 많이 들어 있다(여행객 음식에는 미리 알아서 향료를 넣지 않음). 세상 음식 이것저것 먹어봤다고 하는 나도 통 먹을 수가 없었다. 그래도 조금씩은 먹어 생명은 부지했다. 여학생 몇몇은 전연 대만 음식을 입에 대지 못하고 꼬박 일 주일간을 미팡(쌀밥의 중국말)에 고추장을 비벼 먹었다. 혓바닥이 얼마나 보수적이고 수구적인가! 먹어보지 않은 것에는 일단 거부반응을 일으키고 만다. 지나치다가 컵라면이 눈에 띄기에 "얘들아, 저걸 먹어보렴." 하고 권했더니, 아침에 학생들의 불평으로 귀가 따가웠다. 왜 그랬을까? 그것은 물론 우리 라면이 아니었다! 이러고도 교수를 해?

보신탕('개장국'이나 준말인 '개장'이 본딧말임)이 사철 좋다고 사철탕이라면, 추어탕은 말 그대로 가을이 으뜸 철이다. 미꾸라지를 추어(鰍魚)라고 하는데 '추'라는 글에서 '가을 물고기'를 찾을 수 있다. 한자 '鰍'를 짜개 풀어보자. 물고기 '魚'자와 가을 '秋'자가 합해지지 않았는

가. 물고기와 가을의 합성어! 중국 사람들이 글자에 저런 의미를 부여한 것을 보면 그곳과 우리 문화가 유사하다는 느낌이 든다. 정녕 미꾸리나 미꾸라지를 푹 곤 가을추어탕은 몸보신에 좋았어라.

여기서 잠깐, 딴 이야기다. 옛날 어릴 때에는 가을의 끝자락에 들면 단백질 사냥에 무척이나 바빠진다. 차가운 돌개바람이 불어도 하릴없이 우두커니 놀지 못한다. 버둥거리지 않으면 굶어죽는다. 물론 먹이 사냥도 소꿉동무들과 어우러져 노는 놀이의 하나일 뿐. 얼마나 흰자질(단백질)과 기름기(지방) 부족에 허덕였던가. 얼마나 찌들고 '애옥한 삶'을 살았던지, 이 책 바로 위의 형 이름이 『생물의 애옥살이』다. 영양 덩어리 고기는 논바닥에도 널려 있었다. 뭐니 뭐니 해도 메뚜기 잡기가 첫째다. 벼 베기 전엔 볏짚에 붙은 놈을, 벼를 벤 후엔 논둑으로 내뺀 녀석들을 잡아 빈 병에다가, 또 여의치 않으면 바랭이 꽃줄기에 줄줄이 그 목을 꿴다(비닐이 없고 병이 귀했던 시절). 기름에 튀긴 그 맛이라니! 노릇노릇 익어 풍만한 몸매를 한 암놈 등짝에 찰싹 수놈이 붙어 있으니! 어차피 겨울에 죽을 목숨이 아니던가. 우리가 애써 키운 벼 잎을 뜯어먹었으니 영양소를 되돌려주고 가는 것이다. 그것도 적선이라.

두 번째는 논 고둥 잡기다. 지금 생각하면 난감하기 짝이 없지만 그래도 그때는 고둥 잡는 재미가 쏠쏠했다. 눈알을 논바닥에 빼 박아 버리니, 논고둥 잡기 삼매경에 든다. 나락을 다 벤 뒤에도 논바닥에 먹을 것이 숨어 있었다는 것이지(농약으로 범벅이 된 지금 논에는 눈을 닦고 봐도 없지만). 논바닥에 눈을 대고 살금살금 훑어 나가다〔요샛말로는 주사(走査), 즉 스캔(scan)한다고 함〕 쫙 갈라진 틈이 눈에 띄면 잽싸게 허리를 굽히고, 손가락을 틈새에 쑤셔 넣어 논흙을 후벼 파낸다.

마음은 조마조마하고, 신경은 온통 손끝으로 몰린다. 순간 참참하고 매끈한 무엇이 만져지니 논우렁이다! 그 설렘이란! 밀가루 풀어 끓여 먹는 그 아미노산 맛이라니!

　세 번째다. 지금까지는 맨손으로 사냥을 했으나 다음은 삽에다 바가지까지 등장한다. 미꾸리(미꾸라지?) 잡기다. 아무 데나 추어가 있는 것이 아니다. 물이 다 빠진 논 아래 끝자락에 작은 웅덩이가 생기니 거길 집중 공략한다. 일단 물길을 모두 틀어막고는 양푼이나 바가지로 물을 퍼내기 시작한다. 물이 거의 다 잦아져 가는 흙탕에 미꾸리 떼가 바글거린다. 흙바닥에다 대가리를 처박고 숨어들려 하지만 밑은 딱딱하여 번대도 소용이 없다. 가을을 머금은 가을 미꾸리는 때깔도 좋다. 양동이, 함지박 속에서 떠다니는 미꾸리들. 곧 피와 살이 될 고농도 단백질에 눈을 박고선 침을 흘리는 시골 소년?

　미꾸리와 미꾸라지는 같은 속(屬)에 드는 아주 가까운 사이다. 보통 사람들은 그것들이 판에 박은 듯 빼닮아서 여간해서 구별하지 못한다. 그러나 이 글을 읽으면 쉽게 손에 잡힌다. 큰 차이는 수염과 몸통에 있다. 미꾸리[*Misgurnus anguillicaudata*]는 수염이 짧고 몸통이 둥근 데 비해서 미꾸라지[*Misgurnus mizolepsis*]는 긴 수염에 좀 납작하다. 둘 다 세 쌍의 수염을 갖지만 그 길이가 다르다는 말이다. 그래서 보통 사람들이 미꾸리를 '둥글이'라 하고, 미꾸라지를 '납작이'라고 부른다. 맛은 미꾸리가 좋지만 자람이 미꾸라지가 훨씬 빠르고 꽤나 오염된 곳에서도 잘 살기에, 사육했다는 것은 보나마나 덩치 큰 미꾸라지다. 미꾸라지 키우는 데는 분뇨가 제일이라 하던데……. 아무튼 필자가 늦가을에 잡아 단백질 보충을 한 놈은 조그마한 놈이었으니 미꾸리가 맞다. 참고로, 이제는 어느 논길 웅덩이에서도 가을 추어 잡기는 어렵게 되어버렸다. 불을 보듯 뻔한 것을 명약관화(明若觀火)라 하던 가. 농약을 그렇게 퍼부어대는데 살아남을 놈이 있을 턱이 없다. 만일 에 살아남은 놈이 있다면 그것은 잡아먹지 않는 것이 좋다. 보나마나 농약을 한껏 먹은 놈일 터이니. 그래서 요새는 우습게도 자연산보다 는 키운 것이 더 안전하다는 말이 나온다. 전후, 좌우 바뀜이 어디 이 뿐이겠는가. 추어탕집 둥글이도 국산이 드물다고 한다. 얼추 중국에 서 들여온 것이다. 중국산 미꾸라지는 똥을 많이 먹었던지 덩치가 훨 씬 크고 검은색을 진하게 띤다고 한다. 어디 그것뿐인가. 채소에서 과 일까지 온통 중국 것이 넘쳐흐른다. 우리만 그런 것이 아니다. 일본 사람들이 먹는 채소의 4분의 3이 중국산이라니 중국 물결의 넘실거 림이 무섭기만 하다. 저 넓은 중국엔 없는 것이 없으니 할말을 잊는 다. 역시 땅은 넓어야 하고 물은 깊어야 하는 모양이다. 사람(인구)은 많고 봐야 하고. 저 덩치 큰 중국을 무슨 수로 당한단 말인가.

'미꾸리'라는 이름의 말 뿌리, 어근(語根)이 여간 재미나지 않는다. 미꾸리나 미꾸라지는 모두 아가미로 호흡을 하지만, 물속에 산소가 달리면 물 위로 자주 올라와 입으로 공기를 마시고 내려간다. 삼킨 공기를 창자로 내려보내 산소를 흡수하고 대신 이산화탄소는 방울방 울 항문으로 내보내니 이를 창자호흡이라 한다. 사람들이 보고 있자 니 이놈들이 방귀를 뀌지 않는가. 이산화탄소 방울(한 번에 열 방울 정 도)이 뽕뽕 똥구멍에서 솟아나오니, 이놈이 '밑이 구리다'고 '밑구리' 가 되고, 그것이 '미꾸리'로 변했다는 설이다. 보통 이름이 몸의 생김 새에서 유래하는데, 이놈은 좀 별난 것에 어원이 있다. 그럼 '미꾸라 지'는 어떻게 붙은 이름일까. 독자들의 상상에 맡겨본다. 아무튼 밑 구린 놈이라 공기가 적어도 창자호흡으로 생명을 부지한다.

미꾸라지는 여름 하늘에서 비를 타고 내린다고 한다. 미꾸라지가 어디 용(龍) 새끼나 된단 말인가. 어림도 없는 말이다. 비가 억수로 퍼부어 내려 길바닥에 물골이 생기면 눈먼 놈들은 세상 만난 듯 물길을 따라 거슬러 올라간다. 녀석들이, 비가 그치면 말라죽는 것도 모르고 새 천지를 개척하겠다고 만용을 부렸던 것이다. 그런 성질을 잘 알기에 미꾸라지 사육장에는 튀어나가지 못하게 논가에 단단한 그물을 쳐둔다.

그런데 이놈들의 사랑은 어느 동물보다 동적이고 강렬(dynamic and active)하다. 스케일 면에서는 메기를 당하지 못하지만. 두 해만 자라면 성적으로 완전히 성숙하여 산란을 한다. 물론 이 동물은 암수가 따로 있다(물고기는 자웅동체가 없음). 굳이 구별한다면 가슴지느러미 가장자리 끝이 뾰족한 것이 수놈이다. 그런데 암수의 차이는 절대로 우리를 위함이 아니다. 서로가 이성을 알아보고 쉽게 짝을 찾고 동성은 피하거나 쫓아버리기 위해 성의 분화, 즉 이차성징(二次性徵)이 생긴 것이다. 아무튼 산란기(4월에서 7월)가 되면 암놈 주변에는 여러 마리 수컷들이 몰려들고, 그 수놈들이 주둥이로 암놈의 항문이나 아가미, 봉긋 솟은 가슴패기, 탱탱하고 불룩한 배 바닥을 스쳐 문지르는 구애행위(courtship)를 계속해대면, 여태 심드렁하던 암놈이 스르르 홀려 수면으로 천천히 떠오른다. '세상을 다 얻은' 수놈은 잽싸게 암놈의 항문을 중심으로 온몸을 칭칭 감고 세차게 조여 들어간다. 저것 죽는다는 생각이 들 정도로 세게 또 더 세게 꽈배기를 꼰다. 허 참, 비늘이 없어 그렇게 미끄러운 놈들이 어찌 몸을 감고 비빌 수가 있담. 그렇지, 그럼 그렇지. 수컷 가슴지느러미 아래에 골질반(骨質盤)이라는 것이 있어서 이것을 암놈의 배에다 고정시키면 떨어지지 않는다. 교미가 끝난 암컷의 배에 푹 팬 홈이 남는다고 하지 않는가. 큐피드의 화살이 배를 찌른 것이다. 혈흔(핏자국)이 남는 수도 있다니 그것이야말로 '검은 상처'다. 아무튼 그러고 나서 암놈이 이내 알을 낳으니 수놈은 서둘러 알에다 유전자 씨를 뿌린다. 희망의 유전자를 심는 것이다. 이런 행위는 2~3분 간격으로 여러 번 되풀이된다. 이어서 벼 포기나 수초에다 알을 갖다 붙인다(미꾸리는 진흙이나 모래에 묻음). 이렇게 뜨겁고 아찔하고 격렬한 사랑의 광경을 목도하고는, 이 녀석들이 정력에 좋겠다 생각하여 추어탕을 끓여 즐기는 것이다. 유감주술(類感呪術)이란 말이 있다. 이야기한 추어탕이 그렇고, 물개 수놈 한 마리가 여럿 암놈을 거느리니 정력이 셀 것이라 하여 해구신(海狗腎)을 찾고, 개(犬)는 교미 시간이 길다 하여 신(腎)을 찾고 탕을 해 먹는다. 아들 많은 집 여인의 속곳을 훔쳐 가지면 아들을 낳고, 부처의 돌코를 갈아먹으면 득남한다는 이런 생각이 유감저술이다. 아서라, 죄다 어림없는 소리다. 헛소리다. 불로불사(不老不死), 불사영생(不死永生)이 어디 있더냐. 하지만 어쩌랴. 물에 빠져 지푸라기 안 잡는 사람 없을 테지.

그건 그렇고, 미꾸리와 미꾸라지는 어떻게 월동을 할까. 논바닥이고 웅덩이고 물 한 방울 없이 말라버렸는데 용케도 흙 속에서 겨울을 보낸다. 얼음장이 논바닥에 잡히기 전에 서둘러 뻘 속 저 깊은 30센티미터나 되는 곳을 뒤집고 들어가 꼬리를 사리고 몸을 웅크리고 앉아 겨울을 보낸다니 생명력도 질긴 놈이다. 땅이 얼지 않을 깊이로 파고들어서 둘레에 있는 습기로 몸을 축이고 창자호흡으로 근근이 겨울을 보내는 것이라 반쯤 죽은 상태라는 것이 옳다. 아, 무서운 생명력의 소유자!

이것들에서도 요상한 일이 드물지 않게 일어난다. 내 방에서 어류를 전공하여 막 학위를 받은 최재석 박사가 근래 색소 돌연변이가 일어난 황색미꾸리를 채집하였다. 노란 미꾸라지! 흰 뱀 백사는 수천 만 원을 호가한다는데, 이 황미꾸리로 끓인 추어탕 값은 얼마냐? 천정부지(天井不知)다! 부르는 게 값!

버들붕어의 전설 한 토막을 먼저 읽는다. 우리나라 개울가 어디에도 흔히 볼 수 있었던 물고기의 한 종인 버들붕어는 기막힌 사연으로 태어났다고 한다.

그 전설은 지금의 경기도 고양시를 감고 도는 창릉천에서 전래되었다. 때는 삼국시대로, 고구려, 백제, 신라가 영토확장을 위해 세력다툼을 한창 벌일 때다. 가련하고 애달픈 비극의 주인공이 버들붕어로 환생하여 세상에 알려지게 되었다.

지금으로부터 1500여 년 전, 백제 20대 왕인 개로왕은 슬하에 아홉 명의 왕자와 공주를 두었다. 그 중 버들공주는 효성이 지극할 뿐만 아니라 외모 또한 절세미인에다가 성품마저 겸양이 넘쳐 부왕으로부터 총애를 한 몸에 받았다. 버들공주는 오경(五經)

을 통달하였을 뿐만 아니라 무예도 뛰어난 지장(智將)이었다.

당시 고구려는 광개토대왕의 북방정벌로 대제국으로 성장했고, 그 광개토대왕의 뒤를 이은 장수왕이 남하정책을 펴며 백제 침략 계획을 착착 진행하고 있었다.

이 사실을 알아차린 버들공주는 아버지를 위해 기도를 올린다. "하늘과 땅을 살피시는 천지신명(天地神明)이시여! 부디 부왕의 옥체를 건강하게 보존해주시옵고, 숭앙(崇仰) 받을 수 있는 성군이 되시도록 영험(靈驗)을 내려주옵소서." 새벽닭이 울 때까지 빌고 또 빈다. 몇 날 며칠을 그렇게 비는 동안 버들공주의 얼굴에서는 그 자신도 모르는 이상한 일이 벌어지고 있었다. 연못 속에 자신의 얼굴을 비춰보니 양 볼에 달이 박혀 있지 않은가? 버들공주는 소스라치게 놀란다. "뭔가 심상치 않은 일이 다가오고 있구나." 아니나 다를까, 고구려 장수왕이 사신을 보내 화친의 정표로 버들공주를 후궁으로 삼고 싶다는 뜻을 개로왕에게 전해 온다.

이 말을 들은 개로왕은 몸을 부들부들 떨면서 대로한 목소리로, "귀공은 듣거라! 당장 돌아가 너희 왕에게 고하라! 화친도 좋지만 공주를 후궁으로 달라는 너희 왕은 경거망동할 뿐만 아니라 백제를 깔보고 흉측한 계략을 꾸미는 것이니, 괘씸하기 이를 데 없구나. 썩 물러가서 그런 수작을 다시 할 때에는 용서치 않겠노라고 고하거라." 하고 사신을 쫓듯이 보내버린다. 이 일이 있은 후부터 개로왕은 침전에 들어도 잠을 이루지 못한다. "머지않아 고구려가 쳐들어올 것이 뻔한데 이 일을 어찌하면 좋단 말인가?"

이 일로 무척 괴로워하는 개로왕을 지켜본 버들공주는 몇 날 밤을 뜬눈으로 새우다가 뭔가 비장한 결심을 하고는 부왕 앞에 나아가서 간언한다.

"아버님! 소녀를 지켜주시려는 아버님의 하해와 같은 은혜를 무엇으로 갚사오리까? 소녀 비록 나이 어려 국사에 도움을 드릴 수 없는 처지이나 저 하나 나라와 아버님을 위해 고구려로 가는 것이 그 동안 이렇게 키워주신 은혜에 보답하는 길이라고 믿사오니 소녀를 가도록 윤허하여 주시옵소서." 그러나 버들공주를 사랑하는 개로왕은 "절대로 널 고구려로 보낼 수 없다. 세상 어느 것과도 바꿀 수 없는 내 딸 버들공주를 어찌 이 아비가 이국으로 보내겠느냐, 나라를 잃는다 하여도 내 딸만은 안 된다." 이렇게 개로왕은 버들공주의 간언을 단번에 물리치고 만다.

이후 개로왕은 많은 궁리를 하다가, "네가 나라를 위하는 마음이 갸륵하니 내 너에게 담로(擔魯) 한곳을 주겠노라, 그곳을 백성과 나라를 위해 최선을 다해 지키거라." 버들공주가 하명 받은 곳은 변방이 아닌 한강 북쪽에 있는 미류담로였다(백제 22처의 하나이며, 왕의 자제나 종친들이 모여 살도록 한 행정구역단위이다. 고구려가 점령한 뒤에는 담로를 성현으로 불렀고, 이후 고양현이 되었으며, 지금은 고양시라 부름).

현지에 도착한 즉시 장수복으로 갈아입은 버들공주는 군사들을 단속하고, 고구려와 맞서 싸울 준비를 단단히 하면서도, 밤이 되면 미류담로를 가로질러 흐르는 면경천[面鏡川, 지금의 창능천]으로 나가 수면에 비친 달을 보며 기원한다. "천지신명이시여! 나라가 백척간두에 있나이다. 소녀가 나라를 구하고자 나섰으나 부모님과 떨어져 너무나 보고 싶나이다. 멀리 계시는 아버님을 뵙고 싶어도 뵐 수 없으니 물에 비친 달 속에서라도 아버님의 용안을 뵙게 해주옵소서." 하고 손이 닳도록 빌고 또 빈다.

한편 고구려 장수왕은 개로왕이 청혼을 거절했다는 말을 전해 듣고, 3만 군사를 일으켜 백제를 치기로 한다. 평화롭던 백제 땅에는 먹구름이 낀다. 연일 자리싸움만 하던 장수들은 힘없이 패하여 도망치기 바빴으니 7일 만에 도읍이 함락되고 만다. 개로왕도 패퇴하니 고구려 군이 끝까지 쫓아가 그를 참수하여 한강에 시신을 내던진다.

그런데 이상한 일이 벌어진다! 개로왕의 시신이 버려진 곳에서는 "버들아!" "버들아!" 하고 버들공주를 부르는 소리가 삼 일 동안이나 계속 들렸다고 한다. 개로왕이 버들공주를 얼마나 사랑했는지 알 수 있다. 가슴 미어지는 부성애가 뼛속 깊이 느껴진다.

한편 버들공주가 지키는 미류담로에도 고구려 군이 물밀듯이 쳐들어온다. 장수왕이 절세미인인 버들공주를 산 채 잡아오라 한다는 말을 전해들은 버들공주는 적들을 맞아 용감히 싸우고 또 싸우지만 고구려 군사의 수가 워낙 많아서 감당하기가 힘들다.

그래서 버들공주는 굳은 결심을 하고 밤이 되기를 기다렸다가, 아무도 눈치 채지 않게 면경천으로 나아가 천지신명께 빌고 또 빈다. "천지신명이시여! 나라와 부왕을 잃었는데 어찌 적의 무리에게 소녀의 몸을 더럽힐 수 있겠나이까. 정절을 지키려는 소녀의 마음을 가상히 여기시와 부디 물고기로나마 환생시켜주시면 물길 닿는 곳 어디라도 헤엄쳐 다니며 부왕을 뵈옵겠나이다, 도와주소서." 이렇게 천지신명께 간구한 다음 버들공주는 면경천에 몸을 던지고 만다. 달빛이 고요하게 깔린 미류담로 땅에 갑자기 먹구름이 끼면서 뇌성벽력이 치고, 밤새도록 비가 내렸다. 면경천 둔덕에서 이 광경을 묵묵히 지켜보고 있던 버드나무들도 눈물을 흘리듯 주르르 버들잎을 면경천으로 흩날리지 않는가? 다음날 기이하게도 밤새 아무 일도 없었다는 듯 면경천은 그대로 맑게 흐르고, 생전 처음 보는 물고기만 떼 지어 놀고 있었으니……. 미류담로 사람들은 예사롭지 않은 일로 생각하고 이 물고기를 버들물고기라 부르기 시작했다.

이후에 백제 사람들은 개로왕을 비운의 왕이라 여겨 버들대왕이라 부르고, 해마다 오월이면 버들 유혼제를 지냈다. 유혼제를 지낸 후부터 버들물고기가 온 나라에 퍼졌는데, 버들물고기가 많이 나타나면 반드시 풍년이 들었다고 해서 백제 사람들은 버들풍어라고도 했고, 이 말이 후대로 내려오면서 버들붕어가 되었다고 전한다.

전설치고 웃음을 안 자아내는 것이 없으매, 버들공주, 버들물고기, 버들대왕, 미류(美柳, 버드나무)담로……. 버들이 전설의 머리요, 등뼈요, 꼬리임을 알아차렸을 것이다.

버들붕어는 중국 남방이 원산지로 몸매가 낭창거리는 버들잎사귀 모양으로 아주 납작하고 둥그스름하며, 4~6센티미터에 지나지 않는 소형이다. 몸 옆면에 열 개 이상의 황색 세로무늬가 있고, 아가미뚜껑 위에 타원형의 청록색 반점이 있어서 꽤나 맵시 나는 민물고기다. 머리는 짧은 삼각형에 가깝고 몸빛은 흐린 녹회색(綠灰色)이고, 주둥이는 짧고 뾰족하며, 양 턱에는 작은 이빨이 나 있다. 성질이 무던하여 (보통 때는 그렇다는 말임) 사육이 그리 까다롭지 않으며, 행동이 특이하여 관상용으로 환영 받는다. 우리나라는 주로 서남부 강과 동해 남·북부 강에 산다.

뭐니 해도 버들붕어는 싸움질을 잘하는 것으로 이름이 나 있다. 그래서 중국 사람들은 이 고기를 투어(鬪魚)라 부르고, 꼬리가 둥글다고 원미어(圓尾魚, roundtailed fish)라고도 한다. 도박을 일상생활로 즐기는 중국 사람들은 귀뚜라미에 물고기까지 싸움 붙여 돈 따먹기를 한다. 도박을 워낙 좋아하는 사람들이라 마누라를 잡히면서까지 마작을 한단다. 그러니 어찌 그 나라에 똑같이 갈라 먹겠다는 공산주의가 발을 붙일 수 있겠는가. 우리는 흔히 붕어를 닮았으면서 아주 작다 하여 밭붕어라 부르며, 북한에서는 색깔이 곱다하여 꽃붕어라 부른다. 서양 사람들도 같은 의미로 파이팅 피시(fighting fish, 싸움 잘하는 고기), 파라다이스 피시(paradise fish, 극락어, 極樂魚)라고 하니, 사람이 얼굴 거죽 색은 달라도 보는 눈은 그리 다르지 않아서 생물들의 생김새를 엇비슷하게 알아본다. 사는 환경에 따라 사고방식에 작은 차이는 있으나 유전자가 크게 다르지 않으니 사람의 본성 그 자체는 대차가 없다. 바로 같은 종이기에 그렇다. 개가 품종(品種)이 그리 많아도 큰 놈 작은 놈 가릴 것 없이 개는 개라 언제나 개새끼 행세를 하듯이 말이다. 씨(유전인자)란 그래서 속일 수도 없고, 아무튼 무서운 것이다.

버들붕어는 주로 물이 고인 연못이나 웅덩이에, 수초가 흔한 곳에서, 물에 사는 곤충(수서곤충)을 먹고산다. 수서곤충은 하나같이 땅에 사는 곤충의 새끼, 유충이렷다! 이 물고기는 육식을 하기에 성질이 포악하고 행동이 거칠다. 특이하게도 오염된 물에서도 잘 산다. 그리고 아가미뚜껑 안쪽에 상새기관(上鰓器官, suprabranchial chamber)이 붙어 있어서 공기호흡을 할 수 있다. 물이 아주 더러우면 그 물은 마시지 않고 공중의 공기로 숨을 쉰다는 말이니 아연 기찬 놈이다. 그런데 복어란 놈은 이 상새기관으로 몸뚱이에 공기를 집어넣어 몸을 부풀리고, 가물치란 놈은 풀밭에 올라와 숨차면 이 비상무기를 들고 나온다. 아프리카에 주로 사는 폐어(肺魚, lung fish)도 물이 없으면 진흙을 파고 들어가서 이것으로 숨을 쉰다.

버들붕어는 새끼를 거품(air bubble) 속에서 키우는 유별난 산란 습성을 지녔다. 그 기포 덩어리가 바로 버들붕어 새끼의 집[巢]이다. 산란기가 됐다 싶으면 수컷은 수초가 빼곡한 곳을 찾아 그 위에다 끈적끈적한 진(점액) 묻은 거품을 덕지덕지, 그리고 가지런히 뿜어내어 둥그스름한 거품집(air bubble house)을 만든다. 그들에겐 된 둥 만 둥, 적당히, 아무렇게란 없다. 곤충 중에는 버드나무 무리에 사는 거품벌레가 있으나(거품 속에 있어서 천적으로부터 잡혀 먹히는 것을 피할 수 있음), 물고기가 거품을 집으로 삼는 것은 신비롭고 새롭다. 언제 어디서나, 물고기나 사람이나 새끼 기를 집 장만은 수놈들의 몫이다. 그도 그럴 것이, 수놈은 싸구려 정자를 만드는 대신에 암놈은 영양가 높고 농도 짙은 에너지 덩어리인 알을 수많이 만들어야 하므로 힘에 부치고 여력도 없다. 힘을 아낀다는 말이다. 영어의 'father'란 말에 뒷바라지하다, 일으키다라는 뜻이 있음을 예사로 보지 말아야 한다.

하여, 버들붕어에서 우리는 전형적인 아버지 상을 찾는다. 요즘 와서는 우리나라도 남편, 아비 노릇을 못하면 당장 떠밀려나고 만다. 실은 알싸한 '이혼'이란 말이 싫어서 밀려난다고 썼지만, 세계에서 이혼율 여덟 번째라는 금자탑(?)을 세운 우리다. 쌓으라는 탑은 쌓지 않고……. 예단키는 어렵지만 그 순위는 앞으로 달려나가지 않나 싶어 마음 졸이고 두렵기만 하다. 가끔 걸음을 멈추는 것도 좋고, 가재의 뒷걸음도 좋은데……. 여태 못 먹고 못 사는 간난신고(艱難辛苦)에 시달리면서도 불평, 불만을 마음에 싸안고 삭이며 올곧게 살지 않았던가. 체면도 중시하면서. 요새 사람들은 남을 의식하지 체면을 우습게 생각한다. 이기적인 자기중심이라는 것 때문이다. 탐욕으로 얻은 물질은 기어이 영혼을 멍들게 하고 썩어 문드러지게 한다는 말이 맞다.

왜 이 지경이 되었단 말인가. 그래서 이 책 구석구석에 숨어 있는 차마 눈뜨고는 못 볼[目不忍見] 처참한 광경, 즉 죽음을 무릅쓰고 집을 짓고 새끼를 치는 피눈물 나는 아비 물고기의 생태를 눈여겨보고 미물이 가지고 있는 불성(佛性)을 찾아 닮아보자. 개유불심(皆有佛心), 부처의 마음을 갖지 않는 것이 없다!

이렇게 집을 짓고 거의 다 꾸몄다 싶으면 수놈은 신부를 맞이하러 나간다. 실은 봄맞이 나가듯 여유로운 나들이가 아니다. 죽기 아니면 살기, 사생결단이다. 어디 암놈 하나 차지하는 것이 쉬운 일인가. 정성을 다 쏟아서 꼬드겨야 한다. 알배기 물고기도 접근하는 수놈 녀석의 생김새에서 건강도, 투쟁력, 친절성, 신사도 모두를 한눈에 알아본다니 일단 주눅이 든다. 그러나 어찌 중도에서 물러서겠는가. 주변을 살핀다는 좌고우면(左顧右眄)할 여유도 없다. 만용이라도 부려봐야 한다. 아니다, 최선을 다해야 한다. 칠칠치 못한 안팎곱사등이, 젬병이 수놈은 제 유전자를 남기지 못하고 죽어야 하는 절체절명의 비운을 맞는다. 그러기에 목숨을 걸고 나서는 것이다. 안달이 난다는 말이 가장 옳을 것이다. 긴장을 한순간도 늦출 수 없다. 멋있는 짝을 만나는 것이 제일 관건이다.

앞자리에 얼쩡거리는 수상쩍은 놈이 보이면 눈 딱 감고 사정없이 돌진하여 주둥이로 세차게 들이받아 단방에 절단 내버린다. 시끌벅적, 피 튀기는 싸움이란 말은 이럴 때 쓰는 것이리라. 받힌 놈이 망연자실, 기절하여 물에 둥둥 떠버리는 일까지 벌어진다. 말 그대로 아수라장이다. "범 만난 여치 같다."라고, 옆에서 그 꼴을 본 불알 찬 놈들은 혼비백산, 화들짝 놀라 비명을 지르며 도망가기 바쁘다. 아, 다행이다. 어여쁜 암놈 한 마리가 가까스로 걸려들었다. 아니다, 흐뭇한

표정에 애교 섞인 몸매로 추파를 던지며 가까이 다가오는 게 아닌가. 하마 놓칠세라 번개 되어 달려가 애무를 시작한다. 나무를 비벼 불을 일으키듯이 몸을 맞대어 슬슬 문지르기도 하고 입으로 암놈 몸을 툭툭 쳐서 암놈을 흥분의 도가니, 무아(無我)의 경지로 끌고 간다. 이것이 감미로운 물고기의 사랑이다.

　후손을 남긴다는 것이 그리도 숙명적인 것일까. 그러면서 암놈을 집 아래로 유인해 간다. 물론 암놈도 이미 그 자리를 눈치 채고 말없이 몸을 틀어 따라간다. 집 아래에 왔다 싶으면 놈들의 행태는 돌연 바뀌고 만다. 갑자기 수놈이 온몸을 비틀어 암컷의 몸뚱이를 감싸고 휘감으면서 엎치락뒤치락한다. 눈알이 빠지고, 등뼈가 부러지고, 지느러미가 부서지는 것은 나중 문제다. 전희를 즐기지 않는 동물은 없나 보다.

　암놈 역시 수놈이 흥분하면 머잖아 정자를 쏟을 것을 알아차린다. 산란과 방정의 시간을 맞추기 위해 그렇게 휘감고 비틀고 버들버들 떨면서 사랑을 하는 것이다. 동시성(同時性, synchronization)이 중요한 산란행위기에 그렇다. 알이 없는 정자, 정자 없는 알은 있으나마나 한 허깨비가 아닌가. 산이 없는 곳에 물이 없다고 했겠다. 드디어 암놈은 몸을 뒤집은 채 위를 향해 알을 낳기 시작하고, 알은 물에 둥둥 떠서 수컷이 만들어놓은 거품 속으로 빨려든다. 암놈이 알을 낳기 시작하면 수놈은 서둘러 둘레를 휘몰아 돌아다니면서 딴 놈이 접근 못 하게 망을 보고, 거품 밖으로 비껴나간 알을 그때그때 물어다가 둥지에 넣는다. 수놈은 아주 바쁘다. 이래저래 달음박질이다. 이제는 수놈 차례다. 역시 몸을 뒤집어서 위쪽으로 정자를 흩어 뿌리니 알들이 숫기를 흠뻑 빨아들인다.

버들붕어가 거품집을 만드는 것은 특이할 뿐만 아니라 아주 드문 행태다. 공기를 머금은 다음에 물과 함께 뱉으면 거품이 생기는데, 그 거품은 깨지지 않고 제 모양을 계속 유지하는 것이 특징이다. 보통 거품은 시간이 지나면 송두리째 깨져서 수포로 돌아가고 말지만 이 것은 오래오래 그 모양을 유지한다. 새끼가 알을 깨고 천지사방으로 흩어져 '저 너머 있는 삶'을 찾아갈 때까지 모양을 유지한다. 보통 거품이 아니라 거품에 점액을 덮어씌워 만들었기에 그렇다. 오묘한 재주를 부린 것이다. 버들붕어가 만든 것은 단순히 비눗방울 같은 방울이 아니라는 것. 이 방울의 생성원리를 정확히 알아낸다면 아마도 다른 방도로 유용, 응용이 가능하리라. 벤처사업을 하는 이들은 이 말이 귀가 솔깃하지 않는가?

그런데 이해가 되지 않는 일이 곧이어 일어난다. 아비 놈이 몫을 다한 어미를 매정하게 멀리 쫓아버린다는 것이다. 지금까지 암놈을 오붓하게 다독거리고, 암놈에게 넙죽넙죽 고분고분하던 수컷이 아니던가. 여기 이 자식들은 내가 책임진다는 뜻이렷다! 아니다. 아마도 힘 아껴서 그 비싼 알 만듦에 전력투구하란 뜻일 것이다. 별난 사랑을 하는 놈의 뒷일도 엉뚱하다.

거품 속에서는 탄생을 위한 발생이 재빠르게 일어나기 시작하고, 10센티미터 밑, 아래에서 아비는 45도 각도로 비스듬히 몸을 고정하고선 가슴지느러미와 꼬리지느러미를 살랑살랑 흔들어서 물의 흐름을 만들고 있다. 발생이 왕성하게 일어나기 위해서는 맑은 산소가 충분히 공급되어야 한다는 것을 버들붕어는 아는 것이다. 며칠을 그 짓을 한다. 덜 자란 새끼들 중에서 거품 밖으로 벗어나는 녀석이 있으면 퍼뜩 입으로 물어다가 되집어넣는 일도 게을리 하지 않는다. 우리를 소스라치게 놀라게 하고 가슴 뭉클하게 하는 버들붕어 수놈의 아비 사랑, 부성애. 뭇 남성들이여, 버들붕어의 나무람 소리가 귀에 쟁쟁하지 않는지요?

이보다 더한, 경외(敬畏)로운 자식 사랑을 수조에서도 본다. 옆에 있는 수놈이 조금만 접근하면 한달음에 달려가 결사적으로 공격하는 것은 당연한 일이고, 사람이 수조 근방에만 가도 가슴지느러미를, 수탉이 두 날개를 퍼덕이며 달려들듯 쭈욱 펴고 유리벽에 돌진하니 부딪히는 소리가 '땅' 하고 귀에 들릴 만큼 울린다. 또 주둥이도 평소 그렇게 길이 들어선지 조금도 문제없다. 아니다, 괴롭고 힘들어도 참는다. 삶이란 인(忍), 그 자체가 아니던가. 인고(忍苦) 말이다. 그리고 거품집 근방에 손을 슬며시, 모른 척하고 집어넣어보면 즉각 반응을 일으키니 한 뼘이 넘게 물방울을 튀기면서 공중으로 씽 솟구쳐 튀어오른다. 무서운 놈이다. 지독한 녀석이다. 아니다, 살신성인(殺身成人) 하는 용감한 물고기다. 물불을 가리지 않고 자식 아낌에 온 힘을 다 쏟아붓는 버들붕어의 아비. 으스러지고 부스러지는 몸으로 새끼 보살핌에서 참 보람을 찾는 버들붕어의 아버지! 우리 삶을 새로이 추스르게 하는 붕어 아버지!

그런데 우리나라 어디서나(섬 지방에서까지) 채집되던 이 버들붕어도 이젠 찾아보기가 어렵게 되었다고 하니 이 일을 어쩌면 좋은가. 애석하고 분하도다. 관상용으로도 알아주는 이 물고기를 어디서 구한단 말인가. 빌어먹을 인간들이다. 아서라, 다음은 엉큼한 바로 네놈들의 차례, 천벌을 받아 지구에서 사라져야 할 순서 말이다. 반드시 토악질을 해야 한다. 먹은 것을 다 토해내는 것이 토악질이다. 염라대왕이 벌 받을 놈들의 명단을 죄다 꿰고 있다더라. 지옥 입구에 설치

해둔 업경대(業鏡臺)에 전생의 죄상(罪狀)이 훤히 다 비친다는 것을
잊지 말지어다. 자업자득(自業自得), 자작자수(自作自受)란 말을 알아
몰라. 넋두리로 듣지 말라, 지은 대로 받는 법임을.

이 세상은 진정 한시도 조용한 날이 없다. 산
야(山野)에서건 벌건 대낮이건 온통 벌레와 짐승들
이 목숨을 걸고 간단없이 죽기 살기로 싸움질을 하
고, 강이나 호수, 바다에서도 윽박지르며 쫓고 쫓기
고 먹고 먹히는 아비규환이 벌어진다. 안타까운 일
이다. 이승은 한마디로 넌더리 나는 살육의 참상이
즐비한 아수라장이다. 식물세계도 온전치 못하다.
그들은 그들대로 물과 거름(비료)과 태양을 서로 더
많이 차지하고자 다툼질을 하니 시나브로 상대를
말려 죽인다. 어느 생물이나 모두가 살터(공간)를 드
넓게 차지하여 먹이(에너지)를 더 많이 얻고, 그래서
새끼(자손)를 여럿 치자고 야단법석이다. 말자(末子)
인간의 아귀다툼도 하나 다를 게 없다. 그래서 모르
는 게 약이라고 했던가. 허나 생물을 전공하는 우리

눈에는 떨치지 못해 부여잡고 사는지 온갖 지옥살이가 다 보인다. 지옥이 136가지가 있다고 하던가. 절대로 그보다 많으면 많았지 적지는 않을 것이다. 겉으로는 내가 멀쩡하고 의젓해 보이지만 속을 들여다보면 온통 썩은 똥으로 가득 찼다. 선(善)의 나와 악(惡)의 내가 다툼질하지 않는가. 티 없이 조용히 살긴 틀렸다.

본디부터 붙어살아 온 놈들을 역성들어서가 아니다. 긴긴 세월 토착해 같이 살아온 그들끼리도 약육강식으로 난리들인데, 날벼락같이 딴 데서 새로 엉뚱한 놈이 들이닥치는 날에는 어떤 일이 벌어질지 불문가지(不聞可知)다. 밖에서 왔다는 생물, 걸림돌 외래종 이야기다.

국립환경연구원이 집계한 것을 보니(분명히 빠진 것도 있을 것임) 국내에 지금까지 유입된 외래종이 총 266종이나 된다고 한다. 물론 이것은 동식물 모두를 말하는 것으로, 유럽에서 42.5퍼센트, 북미 20.3퍼센트, 아시아 18.3퍼센트, 아프리카 2.3퍼센트, 호주 0.3퍼센트 등으로 오대양 육대주의 것이 다 몰려 들어왔다. 식물만 보아도 심상치가 않다. 서울 근교의 어느 한곳을 보면 섬뜩하다. 서양민들레와 붉은씨서양민들레 등 외래종 민들레가 토종 민들레를 떠밀어내고 전체의 98.5퍼센트를 차지해버렸다고 한다. 이럴 때 압권(壓卷)이라고 하는가. 이 정도면 토종이 거덜 난 것이나 마찬가지다. 주변에 보이는 민들레는 모두 서양 민들레이라니, 우습게도 우리 민들레는 되레 희귀종(稀貴種)으로 전락하고 말았다. 추레한 몰골을 한 우리 민들레가 서럽고 불쌍타. 어디 그뿐인가. 방생한답시고 파충류에 속하는 붉은귀거북(미국의 미시시피가 원산지)을 전국의 강이나 호수에다, 양서류인 황소개구리는 북한강 수계와 제주도를 제외한 남한 전역에다 방류했다. 다행한 것은 이 거북이나 개구리가 추운 곳에서는 월동하지 못해 더 이상 북상(北上)을 멈추고 있다는 것이다. 단순히 양서류, 파충류만의 문제가 아니다. 미국흰불나방, 솔잎혹파리 등은 이미 정착한 지 오래되어 안정을 찾았지만, '소나무에이즈'로 불리는 재선충(材線蟲) 등 신입생(新入生) 곤충도 이루 말할 수 없이 생태계를 혼란에 빠뜨리고 있다. 딱한 노릇이다. 억하심정(抑何心情)이란 말은 이럴 때 쓰는 것이리라. 이 순간도 생물들은 삶의 공간을 넓혀 가고 있을 터.

다행인지 불행인지는 몰라도 이런 현상이 우리나라만의 일이 아니다. 일본도 미국도 게릴라전을 펼치는 '외침 종'에 골머리를 앓고 있으며, 그래서 부랴부랴 '위해(危害) 생물'로 정해놓고 특별관리를 하기 시작했다. 우리도 다르지 않다. 설사 관리를 한다고는 하지만 뜻대로 되지 않는 것이 더 큰 문제다. 그렇다고 쳐다만 보고 우두커니 서 있을 수도 없고, 진퇴양난이다. 이러지도 못하고 저러지도 못하고. 한 예를 들면, 카스피 해가 원산지인 민물 얼룩홍합(zebra mussel)이 미국의 오대호에 들어가 온통 호수 바닥을 덮어 다른 생물이 살지 못하게 해버렸다. 이놈들이 하도 많아 붙박이 조개를 덮쳐서는 종국엔 다 죽이고 말았다. 이것을 구제(驅除)해보겠다고 별 야단을 다 쳤다. 물경 30억 달러나 쏟아부었으나 이내 두 손을 들고 말았다. 연구비가 그렇게 들었다는 말이니, 산불이 난다거나 외래종이 개판을 치면 그 분야 전공 학자들이 무척 바빠진다. 연구비 얼마가 생기게 되니 좋은 면도 있다고나 할까. 아무튼 이 민물 담치(홍합)가 지금 전 미국을 강타하고 있는데도 손놓고 자연의 섭리에 따른 동화 여부만 마냥 기다릴 뿐이라지 않는가. 어느 것이나 그 환경에 부딪힌 끝에는 동화(同化, assimilation)가 따르기 마련이다. 문화라는 것도 그렇고. 우리가 몰라 그렇지 여태까지 이 지구에는 이런 일이 끊임없이 일어났고 또 계속 되고 있다.

이제 물고기 이야기로 돌아온다. 굶주리고 헐벗으며 살아온 우리라 물고기라도 키워먹겠다고 밖에서 일부러 들여와 연못이나 호수, 강 사방팔방 풀어놓질 않았겠나. 어자원(魚資源) 증식이라는 명목으로 말이다. 비렁뱅이 속성은 버리지 못한다. 사람은 저만 생각하지 남은 등한시한다. 되묻게 된다. 짬 내어 토종 물고기의 운명을 한 번 더 가늠해 봤던들…… 아무리 생각해도 아쉽다. 어제가 옛날이다. 마침내 국산과 외국산이 물고 뜯고 찌르고 죽이는 섬뜩한 혈전(血戰)을 벌인 것이다. 생물학적으로는 경쟁이라고 하지만 힘겨루기에서 양쪽이 비슷할 때 경쟁이지, 일방적이면 씨를 말린다. 전멸(절멸)시킨다는 말이 맞다. 상대가 안 되니 재래종이 판판이 당하기만 한다. 굴러온 돌이 박힌 돌 빼어 집어던진 꼴이 아닌가.

외래생물을 여러 가지로 부른다. 외국종, 도입종, 이식종, 이입종, 이주종, 침입종, 귀화종, 외래종. 어느 말이든 그것은 토종(native species), 자생종(indigenous species), 고유종(endemic species)과 대치되는 말이다.

그럼 지금껏 들여온 민물물고기(담수어)가 어떤 것이 있고 현재 어떤 상황에 있는지 좀 길게 살펴보도록 하자.

① 백연어(silver carp) 1963년에 일본에서 치어(자어) 2만 마리를, 그 뒤에 세 번에 걸쳐 15만 마리를 들여와 방류하였으나 크게 성공(적응)하지 못하고 말았다. 중국 양자강이나 대만에서 양식용으로 널리 키우는 물고기다. 다 큰 놈은 1미터나 되는 아주 대형 종으로 아직도 살아남았는지 여기저기서 가끔 잡힌다. 그놈들, 불혹(不惑)의 나이

사십이 넘었구나!

② **큰입베스(large mouth bass)** 1963년, 미국에서 조무래기 500마리를 들여와 키우다가 청평 조종천에 시험 방류한 것이 처음이다. 이젠 전국적으로 퍼져 제가 주인 행세를 한다. 태산명동서일필(泰山鳴動鼠一匹), 쥐 한 마리가 태산을 들썩거리게 한다. 오 백의 전사들이 결국은 전국의 강을 지배하는 결과를 낳았다. 육식성으로 공격적이고 사나워서 놈들에 걸렸다면 토종들은 살아남지 못한다. 그런데 이 고기가 늘어난 것을 아주 다행하게 생각하는 사람들도 있으니 아이러니가 아닐 수 없다. 바로 낚시꾼들이다. 힘이 좋아 바늘을 물고 늘어졌을 때 낚싯대로 전해 오는 손맛이 아주 좋다고 한다. 정녕 그 순간을 맛보기 위해 얼마나 오랜 시간을 참고 기다렸던가! 이러다 보니 낚시에 미친 사람들이 이놈을 잡아서는 천지 사방팔방에 풀어놓아 살지 않는 강이 없어졌다고 한다. 드러내놓고 말하지만, 강태공들이 전형적인 생태파괴자들이다. 그건 그렇다 치고, 이제 이렇게 된 바에야 마냥 홀대만 할 게 아니라 품어 안아서 '우리 고기'로 생각해야 하지 않겠는가. 같잖게도 씨를 말려 보겠다고 달려들었다가 손들고 만 황소개구리 사냥을 떠올리면 더욱 그렇다. 눈에 뻔하게 보이는 그 느림보 개구리도 못 잡아 포기하는 판에 드넓은 호수 속에 사는 날쌘 베스를 무슨 수로 다 잡겠는가. 우리 강이 이들을 무조건 "좋다, 여기에 살아라."고 받아들였다. 강이나 호수가 어련히 알아 하시겠나. 자연에다 맡기는 것이 상책이다. 우리가 무슨 힘이 있다고 자연에 감 놔라 대추 놔라 간섭을 한담. 호들갑을 떨면서 스스럼없이 갖다 넣은 것이 잘못이지. 30억 달러를 쓰고도 얼룩홍합 하나도 못 잡는 판인데.

작은입베스라는 놈도 이입시켜 키워봤으나 적응에 실패했다고 한다. 그거 잘됐다. 그런데, 사람 손에 자라는 생물은 참 행복하다. 왜? 사람들이 아끼고 잘 키워주어서 씨의 보존이 보장되어 그렇다는 말이다. 맛있다고 씨까지 다 먹지는 않지 않는가. 그러니 곡식도 복 받았고.

③ 무지개송어(rainbow trout) 1965년부터 미국 등지에서 수입하여 길러 왔으며, 치어를 키워 여러 강에 방류하였고, 지금은 차고(찬물에 잘 자람) 깨끗한 물이 흐르는 강원도나 충청도 등지의 양어장에서 키워 횟감으로 내놓는다. 북아메리카 원산으로, 다른 곳에서도 설명을 하였지만, 원래는 바다와 강을 오르내리던 송어를 민물에 살게 한 육봉종(陸封種)이다. 냉수어(冷水魚)라 찬물에 잘 살고, 우리 송어보다 덩치가 크며, 먹이(인공사료)를 먹여 계류(溪流)의 양어장 곳곳에서 대대적으로 사육한다. 우리나라에 정착한 대표적인 외래종이다. 원래 송어(松魚)란 이름은 살코기가 소나무 통살 색을 낸다고 붙인 이름인데, 양식송어는 먹인 사료의 종류에 따라 붉은 살과 누르스름한 살이 나온다고 한다. 육살의 색깔을 먹이로써 마음대로 조절한다! 잘생기고 색깔이 곱고 영롱하다고 무지개(rainbow)란 이름을 붙였다.

소나 돼지, 닭에게 사료를 먹여 키운다더니만 이제는 물고기도 그런 세상이 되었다. 사료(먹이) 개발 덕이다. 무지개송어도 향어도 사료를 듬뿍듬뿍 주어서 키운다. 여기서 사료, 살색 내기, 항생제 사용들을 간단히 보고 딴 외래종 이야기로 넘어간다.

사료는 일반적으로 단백질이 대략 35퍼센트에서 45퍼센트가 되게끔 어분, 대두, 소맥분, 옥수수글루텐(corn gluten), 어유, 효모, 새우 가루에 비타민 혼합제와 광물질 혼합제 등을 섞어 넣는다. 송어에서 황색이 나오는 경우는 크산토필(xantophyll) 함량이 풍부한 옥수수글루텐으로부터 비롯된다. 유럽에서는 황색보다는 분홍색을 최고로 친다고 한다. 참고로 연어나 송어는 육식성이라 사료에 단백질과 지방 함량이 높은 반면에, 잉어는 잡식성이라 단백질 함량이 낮고 탄수화물이 상대적으로 높다.

물고기는 어린 시기에 질병이 특히 많이 발생한다. 병의 종류에 따라 항생제를 쓰지 않을 수 없다. 그래서 에어로모나스[*Aeromonas* sp.]나 슈도모나스[*Pseudomonas* sp.](여기에 sp.란 species를 줄인 것으로, 종명이 확실치 않을 때 씀)와 같은 질병이 오면 테라마이신(terramycin)을 사료에 섞어 10일간 먹인다고 한다. 그러나, 현재는 항생제 사용에 따른 부작용(유용미생물 억제, 잔류 문제) 때문에 축산분야에서는 생균제(probiotic) 사용이 크게 활성화되고 있다. 생균제란 말 그대로 살아 있는 유용한 균을 말하니, 예로 유산균 등이 해당한다.

그리고 가축의 경우, 어릴 때 성장을 촉진시키고 사료의 효율을 높이는 차원에서 사료에 항생제를 첨가한다고 한다. 항생제가 닭의 산란율을 높이고 가축의 성장을 촉진시킨다는 것은 들어서 안다. 그를 설명하는 가장 논리적인 이유는, 가축은 여러 가지 질병 발생 요인을 가진 상태에서 성장하는데, 그 잠재성 질병을 예방해주기 때문이란다. 병에 잘 걸리지 않으니 잘 큰다는 말이다. 사실 세균이 없는 돈사에서 사육되는 돼지의 경우 항생제 첨가는 아무런 효과를 발휘하지 못한다. 또 한 가지는 효소가 소화관 내에서 암모니아 발생을 억제하여 원활한 소화작용을 돕는다는 설이다.

④ 블루길(bluegill) 1969년 일본 오사카 담수어 시험장에서 수입한 것이 처음으로, 그 뒤 여러 번 들여와서 호수나 강에 방류하였다. 베스와 함께 낚시꾼들이 썩 반기는 놈으로 역시 힘이 세어서 낚싯대의 떨림이 아주 좋다고 한다. 단순한 떨림이 아니라 무섭지 않은 전율(戰慄)이라 부르겠지, 태공 선생들께서는. 턱주가리에 찍히고 박힌 바늘에서 도망쳐보려는 물고기 최후의 몸부림을 즐기는 이들이 낚시꾼들이다. 기다림을 본업으로 하는 낚시꾼들은 물고기의 걸려듦에서 원초적인 본능을 되살려 보려고 애쓴다. 고기 낚기에는 무엇보다 태곳적 원시인들의 삶으로 돌아가고픈 순수함이 배어 있어 좋다. 그물로 훑어 마구잡이 하지 않고 굳이 낚시를 드리우는 것을 보면, 기다림 끝에 얻는 그 무엇에 대한 성취감이랄까. 헌데 말이다, 이 고기 또한 낚시하는 사람들이 전국에 퍼뜨렸다고 한다. 그들은 이놈만큼 멋들어지게 줄을 잡아 흔드는 국산종이 없다는 변명을 늘어놓는다. 역시 큰입베스처럼 번식력이 강하고(방해꾼이 없으니) 억센 놈이라 토종을 못살게 군다. 못살게 군다가 아니라 깡그리 씨를 말리려 든다. "억울하면 힘을 키우렴." 하고 놀려대면서 재래종을 빗질하듯 쓸어버리는 녀석들이다. 아가미(gill) 뚜껑이 푸르스름(blue)한 색을 띠기에 블루길이란 이름이 붙었고, 통용어(표준 국명이 아니고 그냥 부르는 이름)인 파랑볼우럭의 '볼'은 바로 아가미뚜껑 자리를 일컫는 말이다. 헌데, 큰입베스나 블루길의 고기 맛은 아마도 재래종 꺽지나 쏘가리에 비길 수는 없는 모양이다. 맛까지 좋았다면 제 놈들도 씨가 말랐을 것인데. 좀더 상세한 이야기가 다른 곳에 나온다.

⑤ 초어(草魚, grass carp) 1970년 대만과 일본에서 수입하여 강과

호수에 방류하였는데, 말 그대로 풀을 먹고사는 물고기(초어)다. 키워서 고기도 먹고 호수에 생기는 귀찮은 풀도 없애자는 일거양득을 노린 것이었다. 그러나 그 목적은 빗나가 우리 땅에 잘 적응을 하지 못했고(새끼치기가 제대로 안 됨), 단지 아직도 죽지 않고 살아남은 초어가 잡힐 뿐이다. 양식할 때에는 짚단을 통째로 던져준다. 그 몸집에 철저한 채식주의자(vegetarian)도 있었다. 물에 사는 코끼리다.

⑥ 떡붕어(white crucian carp) 1972년 일본에서 수입한 종으로 일본이 원산지다. 어쩌자고 물불을 가리지 않고 마구잡이로 이렇게 들여왔단 말인가. 망조가 드는 줄도 모르고서. 생긴 것은 우리 붕어와 대차가 없다. 체고(體高)가 좀 높고 살이 쪘을(그래서 '떡'이란 이름이 붙은 모양임) 뿐이다. 고깃살 몇 점 더 먹겠다고 우리 붕어와 별로 다르지 않는 일본 붕어를 막무가내로 강에다 그렇게 뿌려댔다. 안 집어넣은 물고기가 없을 정도니 말이다. 아무리 먹을 게 적었던 1970년대라지만 좀 심하고 너무했다 싶다. 그런데 지각머리 없는 선배 어류학자들은 그때 뭘 했단 말인가. 뒷짐만 지고 있진 않았을 터인데 말이다. 그 정도를 예측 못 했다면 학자 자격이 없지 않은가. 학자는 자기 분야에는 귀신인데 이렇게 등신짓을 하다니, 동굴 속에 들어가 귀를 막고나 몰라라 했으니 말이다. 깔끄럽고 시건방진 소리라 책하지 말 것이다. 지금도 외제 물고기를 들여와 호시탐탐, 조금만 가능성이 보이면 방류할 준비를 하고 있다니 말이다. 아무리 대통령의 독재가 판을 치는 세상이었다지만, 학자는 목에 칼이 들어와도 할 말은 하고 우길 건 우기고 살아야 하기에 부질없이 하는 소리다. 학자는 가슴앓이 한 자락을 언제나 묻어두고 있어야 하고, 군일을 해서는 안 된다. 지금,

온 강을 이놈들이 다 차지해버렸다고 젊은 어류학자들이 걱정을 태산같이 한다. 후손들의 자자한 원망에 일언반구 없는 것도 떳떳한 선배의 모습이 아닐 것이다. 허언이라도 좋고, 군색한 변명이라도 좋다. 인간은 실패라는 교훈을 통해 성장한다고 하니 말이다. 또 바람이 거셀수록 연은 높이 오른다고 했지. 오류를 귀감 삼아 되풀이하지 않는 것이 으뜸이다. 이제 강에 고기 키우지 않아도 먹고사는 세상이 되었으니…….

아무튼 적응력 하나는 알아주는 우리 붕어가 일본 붕어한테 무릎을 꿇었다고 한다. 한판 붙어 보지도 못하고 떠밀려났다니 딴 녀석들은 보나마나다. 이래저래 온 세계 생물이 죄다 밀려온다. 경제고 문화고 온통 국제화의 물결에 나라 전체가 마냥 잡혀 먹히는 느낌이다. 이제라도 늦지 않으니 우리의 정체(正體)를 아끼고 지키는 시늉이라도 해야 하지 않겠는가. 듣자니 근자에 와서는 가까운 중국 것이 인해전술로 물밀듯 들어온다고 한다. 예로, 내가 전공하는 패류도 예외가 아니다. 민물산 재첩을 가마니째로 사다가 경남 하동 섬진강 재첩(간에 좋다고 인기가 충천한다고 함)에 몰래 섞어 판다. 그게 문제가 아니라 그놈이 강바닥에 살아남아 설치는 것이 문제로다. 그뿐만이 아니다. 낚시터에도 값싼 중국 붕어를 들여다 넣는다는데, 얼음상자에 냉동한 채로 들여와, 떡하니 뚜껑만 열고 낚시터에 넣어두면 스르르 얼음이 녹으면서 중국 붕어가 할랑할랑 지느러미 짓을 하며 떡밥 찾아 나선다고 한다. 명도 질긴 놈들이다. 이렇게 전국 낚시터에 덜컥 들여다 놓았으니 보나마나 머지않아 이것들이 야반도주(夜半逃走)하여 강으로 들어갈 것이다. 하여, 한·중·일 세 나라 붕어들의 삽바 싸움은 끝나고 드디어 크게 한판 붙을 판이다. 아무튼 싸우면 이겨야 한다. 질기디질긴 우리 붕어들에게 건투와 격려를 보내자. 힘이 지배하는 세상이다. 놈들, 혼꾸멍내버려라. 호락호락 물러설 우리 붕어가 아니다. 서양에 가서도 날뛰는 붕어가 아닌가. 이겨라, 이겨라, 우리 붕어야! Victory! Fighting! 글은 그 사람이라 했겠다. 필자의 나라 사랑은 알아줄 만하지 않은가?

⑦ 향어(香魚, Israeli carp) 이스라엘잉어라고 부르는 이 물고기는 1973년에 이스라엘에서 수입하여 호수 가두리에 가둬 키웠으며, 횟감으로 인기를 끌었다. 생살은 회 떠 먹고 껍질과 뼈는 매운탕으로 끓여 먹는다. 앞에서도 말했지만, 물고기는 사료만 먹고도 살이 찌고 잘도 자란다. 아무렴, 요샌 온통 키워 잡아먹는 세상이 아닌가. 문제는 먹다 남은 사료가 호수 바닥으로 떠내려가는 것이다. 잉어가 싸댄 똥이 아래로 가라앉아 더께더께 호수 바닥에 쌓여 큰 문제였다. 그러나 지금은 호수에서 가두리 양식을 못하게 되었다. 썩 잘된 일이다. 고기 몇 점 건지려다 호수를 망치는 우(愚)를 범했던 것이라. 운김에 단 젊은 학자들의 주장이 받아들여진 대가다. 무위도식하는 학자는 존재 가치를 잃는다.

그런데 소양호 등지에서 괴상한 잉어가 잡힌다고 한다. 향어와 토종 잉어의 교잡종이 태어난 것이다. 잉어도 아닌 것이 그렇다고 향어도 아닌 것이, 닮기는 왜 그렇게 닮았는고? 두 종이 겉으로는 달라 보이지만 유전적으로는 같은 종이라 잡종이 탄생한 것이다. 똑같이 학명이 *Cyprinus carpio*다. 그뿐 아니다. 잡종강세(雜種强勢)의 법칙이 여기에도 해당된다. 근래 소양호에 잡히는 잉어의 비(比)를 보면, 교잡종이 75퍼센트, 향어가 20퍼센트, 재래종 잉어는 5퍼센트 정도로 겨우 목숨만 부지하는 실정이다. 강과 호수의 생태가 확 뒤바뀐 게 아니고 무엇인가. 제행무상(諸行無常)이라고, 물고기의 구성비도 달라지고 있단다. 이스라엘이라는 나라도 그렇지만, 그 나라 물고기는 끈질김에서도 여느 물고기에 뒤지지 않는 모양이다.

⑧ 찬넬동자개(Channel catfish) 1973년경에 미국에서 가져와 내수면(內水面) 연구소에서 키워 일부를 강과 호수에 방류하였는데, 부분 적응을 하고 있는 모양이다. 우리 메기보다는 몸뚱이가 크지만 꼴은 보통 눈으로는 구별하기 어렵다. 그러나 여러 곳에 널린 매운탕 집에서 파는 메기탕은 열에 아홉이 바로 이 메기(찬넬메기라고도 함)를 끓인 것이다. 어째서 서양 것들은 덩치가 그렇게 크담? 거짓말 조금 섞어서, 미국 쥐는 고양이만 하고 고양이는 개만 하다. 다람쥐까지도 고양이만 하다. 기후 탓일까? 땅덩어리가 커서 그런가. 아무튼 메기 하나도 우리 것보다 잘 자라고 더 크니 그걸 들여다 키운다고 야단법석을 떤다. 그것도 허기진 인간의 탐욕이 달려들어 뜯어먹는 착취라는 것을 알면서.

여기까지, 수입하여 자연상태에 완전 또는 일부 적응한 몇 종을 적어봤는데, 자연적응은 못 했지만 인공양식이 가능한 종이 몇이 더 있다. 아프리카 원산인 틸라피아(nile tilapia, 역돔), 곤들메기(malma charr), 대두어(big head carp), 거울잉어(mirror carp), 유럽뱀장어(europian eel), 시베리아철갑상어(Siberian sturgeon), 러시아철갑상어(Russisn sturgeon), 종어(long snout bullhead) 등이다. 은연어(coho salmon), 작은입베스(small mouth bass), 극지송어(arctic grayling), 곱사연어(pink salmon) 등도 수입하여 키워봤으나 우리 기후에 정착하지 못해 토착화에 실패했다고 한다. 이외에도 여러 나라로부터 들여와 사육장에서 적응 실험을 하고 있는 것이 수두룩하다. 잡아먹겠다고 들여오는 것이 이 정도라면 관상용 등으로는 얼마나 들여올까 추리가 가능하다. 63빌딩에 있는 수족관만 해도 47종의 민물고기(해산어는 310종)를 들여왔다고 한다. 우리나라 전체를 보면 바닷물고기를 포함하여 어림잡아 근 506종이나 수입하였다는 관상어협회의 보고서를 읽었다. 엄청난 어류가 한국에 상륙하였다!

엎치락뒤치락, 갈팡질팡, 중구난방(衆口難防)이란 말이 적절하다. 선후경중(先後輕重)의 도를 잃었다는 말이다. 문제는 누가 언제 어디서 몰래 들여와 어디에다 얼마를 뿌렸는지 정확히 알지 못하고, 게다가 그것들이 어떤 진행 과정에 있는지도 확실히 알지 못한다는 사실이다. 뒤죽박죽이란 말이 맞다. 이런 역겨운 모습을 접할 때마다 부아가 나고 마음 날이 날카롭게 선다. 실핏줄까지 부어오른다. 그러나 병이 있는 곳에 약이 있다고, 실낱 같기는 하지만 병의 원인을 이제나마 찾아들고 있으니…….

여기선 단순히 민물고기만을 논했다. 물고기 세상만 봐도 이렇게 난장판인데 딴 생물 세계는 어떻겠는가. 짐작이 가지 않을 정도다. 그리고 여기선 공식적인 허락을 받아 들여온 것만 논했지만, 수입하는 농수산물에다, 배나 비행기 짐에 묻어 들어오는 것(바이러스, 세균, 곤충 등등)을 다 치면 엄청날 것이다. 그리고 돈만 된다 하면 물불 가리지 않고 꼼수 쓰는 밀수도 서슴없이 해대는 장삿속이 나라의 생태계를 망가뜨린다. 도둑놈을 '밤이슬 양반'이라 한다던가. 이것도 국제화라 할 수 있는가. 퇴 나고 신물이 나도록 말해 왔지만, 결국은 균형과 안정을 유지해 왔던 생태계를 흠집 내고 뒤흔들어서 어지럽게 교란시킨다는 것인데, 자고로 이런 혼란 후에는 스르르 새로운 생태계를 형성한다고 보면 문제가 없다 할 수 있겠지만……. 문화에도 비약은 없다고 한다. 어디 이런 혼돈이 생태계뿐일라고. 문화의 충돌 현상은 더 심하지 않은가. 아무쪼록 자중자애 해야 할 터인데도 자꾸만 부아통이 터지는 것은 왜일까.

군더더기 없이 말한다. 단연코 이제부터는 물고기나 다른 생물을 들여올 적엔 반드시 꼼꼼히 따져 그것들이 생태계에 미칠 뒤탈을 충분히 예견하고 연구한 다음에 방류해야 할 것이다. 한 번 이지러진 생태계는 어떻게도 벌충하기 어려운 것. 얼추 끝났다고 보면 된다. 원래대로 복원되기는 틀렸기 때문이다. 개구리 수염 나기를 바라는 만큼이나 난해한 것이 생태계의 복원이라서 말이다.

그러면 이입종이 구체적으로 강이나 호수의 생태계에 어떻게, 어떤 영향을 미치는 것일까. 제일 특이한 것은 잡종이 생겨난다는 것이다. 일본에서 들여온 산천어와 토종 산천어 사이에 교잡이 일어나고, 일본 떡붕어와 재래종 붕어 사이에, 또 잉어와 향어 사이에 잡종이 만들어지고 있다. 수꿩과 암탉 사이에 '꿩닭'이 생겨나는 꼴이다. 이렇게 근연종(近緣種) 간에 생긴 잡종은 적응력이 떨어진다는 약점을 가지고 있다. 토종이란 말은 긴 세월을 정해진 환경에 순응(順應)해서 지금 사는 환경에 아주 잘 적응했다는 것을 의미한다. 여태 없던 다른 유전 물질이 토종에 섞여 들어오므로 결국엔 적응도가 떨어지고 생산력이 저하된다는 것이 첫째 우려다.

두 번째 문제는 소형 토종어의 개체수가 감소한다는 데 있다. 생태계의 교란이라 부르는 것이다. 블루길이나 베스는 수심이 얕고 수초가 많은 물가에 주로 살고, 따라서 그곳에 사는 작은 물고기 무리와 서직지를 두고 경쟁을 하게 되고, 결국 이들이 토종을 밀어내고 만다는 말이다. 조사 결과를 보면 수심이 깊은 곳에 사는 대형어는 아직 큰 변화가 없다고 한다. 민간인 통제 지역인 비무장지대(DMZ) 근방의 한 저수지(토교 저수지)의 어류 군집을 보면, 블루길이 70.7퍼센트, 베스 15.8퍼센트(앞으로 이 두 종의 순서는 바뀔 수 있다고 함), 모래무지 7.4퍼센트, 참종개 3.7퍼센트, 피라미 1.2퍼센트, 밀어 1.2퍼센트로, 말 그대로 토종 물고기가 전멸 직전이다. 다른 곳도 이와 유사한 분포를 보일 것이라고 생각하면 가슴이 뜨끔해 온다. 상상을 초월하는 결과다. 굴러온 돌이 박힌 돌을 완전히 뽑아버렸다. 블루길이나 베스 같은 대형 육식어류는 먹새도 좋아 대식(大食)하는 놈들이다. 그런데 이에는 이 눈에는 눈이라고, 놈들과 대적할 우리 물고기를 찾아내는 것이 아주 긴요하다. 쏘가리가 육식을 한다!? 그래 좋다! 쏘가리를 잡아 해부를 해보니 배 속에 블루길 새끼가 그득하더란다! '죽어도 제갈량'이라 한다. 우리 쏘가리를 만만히 보지 말아라. 그래서 호수에 쏘가리를 일부러 인공 양식하여 집어넣기에 이르렀다. 기발한 아이디어가 아니고 뭔가. 기찬 머리 씀이요 굴림이다. 참 재미난다! 그 많은 외래 어종을 사람이 손으로 잡아 없앨 수는 없는 것. 물고기끼리 싸움을 붙이는 것이 백 번 옳다. 그런데 블루길과 베스 중 어느 놈이 더 힘이 셀까. 베스가 더 우위에 있다고 한다. 경쟁이라는 것으로 생물계 어디에나 다툼이 있기 마련이다. 그러면 쏘가리와 베스는 어느 쪽이 더 강할까. 지금 알아보는 중이라니 그 결과는 다음에 읽을 기회가 있을 듯. 토종이 되레 희소종(稀少種)으로 바뀌어버리는 수난을 두고 볼 수만 없지 않은가. 연년세세 한자리에 살아오던 물고기들이 외세에 밀려 자리를 빼앗긴 것은 모두가 우리를 잘못 만난 탓이다. 야속한 친구를 만난 탓!

셋째는, 기생충 등으로 인해 병이 토착 어종에 옮겨가고 그 결과 개체 수가 줄어드는 것이다. 바닷물고기 이야기지만, 실제로 노르웨이에서 일어난 일이다. 대서양 연어에 묻어 들어온 기생충의 일종이 토착 연어를 감염시켜 큰 피해를 낳았다고 한다. 기생충도 일종의 해충이 아닌가. 바이러스나 곰팡이, 세균과 같이.

어쨌거나 유전적이거나 생태계 교란 등을 수반하는 외래종의 난봉은 분명히 얼마 동안 이어질 것이다. 그러나 시간이 지나면 '황소개구리의 몰락'과 같은 자연의 억제력이 작용하지 않을까, 크게 기대를 해본다. 세월로 낫지 않는 병은 없다. 상사병도 치료하는 세월이니.

그런데 '황소개구리의 몰락'이란 뭘 말하는 것일까. <동아일보>의 「줌인」의 기사를 요약하여 인용해 본다.

90년대 말까지 한국 생태계에서 천적이 없는 '절대 강자'로 군림했던 황소개구리. 지금 그 수가 최근 현격히 줄었다. 환경부는 지난해 12월 발간한 『생태계의 무법자 외래 동식물』에서 "황소개구리가 생태계 적응 부족으로 1997, 98년에 비해 약 70퍼센트 가량 개체 수가 감소했다."고 밝혔다. 1997년 전국 61개 주요 시, 군, 구에서 발견됐던 서식지도 약 20개 지역으로 줄었다.

황소개구리가 사라진 것은 인간이 황소개구리를 잡아서가 아니다. 전문가들은 '자연의 억제력 때문'이라고 해석한다.

"식량은 산술급수적으로 늘지만 인구는 기하급수적으로 증가한다. 시간이 흐를수록 인구에 비해 식량은 절대적으로 모자라게 된다. 남은 식량을 두고 다투느라 전쟁과 살육이 일어난다. 인구가 넘쳐 전염병이 돌기 시작한다. 자연 재해를 막을 힘도 사라진다. 약하고 가난한 사람들이 배고픔으로 죽어간다. 결국 살아남은 사람들이 먹을 만큼 충분한 식량이 확보될 때까지 인구는 계속 줄어든다. 이것은 거스를 수 없는 자연의 법칙이다." 맬서스가 주장한 인구론의 요체다.

황소개구리가 그랬다. 미국 동부가 고향인 황소개구리는 1970년대 초반 식용을 목적으로 수입했으며, 무게가 1킬로그램이나 된다.

황소개구리는 곤충은 물론 물고기와 토종개구리, 참게, 심지어 개구리의 천적이라는 뱀까지 잡아먹으며 생태계의 절대 강자가 됐다. 즉, 천적이 없는 최상위 포식자가 된 것. 게다가 황소개구리는 한 마리가 1만 개가 넘는 알을 낳는 왕성한 번식력을 갖고 있었다. 토종 개구리는 100~800개의 알을 낳을 뿐이다.

절대 강자였던 놈이 사라진 원인을 보면, 첫째로, 90년대 초반부터 황소개구리 수가 급증하면서 이들의 먹이인 곤충, 작은 물고기 등이 그들의 서식처에서 크게 줄어 버렸다. 그래서 따라서 줄어들었다.

둘째는, 같은 지역에서 너무 많은 황소개구리가 살다 보니 근친교배가 생겼다. 여기저기 서식처를 옮겨 다니는 동물은 근친교배를 잘하지 않는다. 그러나 황소개구리는 우포늪이면 우포늪, 한곳에서 평생을 산다. 따라서 수가 폭발적으로 늘어날수록 근친교배를 할 가능성이 높다. 근친교배는 열성유전자를 자손에게 전해준다. 열성유전자를 가진 개구리는 수명도 짧을 뿐더러 열성인자를 자손에게 그대로 물려준다.

마지막으로 절대 없을 것으로 알았던 천적이 하나둘씩 나타났다. 여전히 다 큰 황소개구리를 먹이로 삼는 동물은 없지만 가물치 · 메기 등 토종물고기와, 큰입베스·블루길 등 외래물고기가 황소개구리의 올챙이를 잡아먹기 시작한 것. 왜가리, 고니 등 새들도 황소개구리의 올챙이를 식단에 올렸다. 황소개구리도 먹이사슬 속에 서서히 엮여 들어가게 된 것이다.

웃겼던 일이었다. 환경부는 정부과천청사 앞에서 '황소개구리 시식회'를 열었다. 황소개구리를 잡는 중고교생에게 봉사 점수를 주기도 했다. 외환위기 직후에는 '황소개구리 잡기'를 실업 해소 대책으로 이용했다. 실업자들이 공공근로 수당을 받고 개구리를 잡았다. 이들에게 들인 돈과 잡은 개구리 수를 비교해 보니 '개구리 한 마리 잡는 데 국민 세금 1만 원이 들었다.'는 통계도 나왔다. 그러나 황소개구리는 5, 6년 지나면 사람들의 기억에서 잊힐 것이고 10년 정도 후에는 토착동물 대접을 받을 것으로 전망한다.

최근 황소개구리의 빈자리를 차지한 새로운 '절대 강자'는 미국 미시시피 강 출신의 붉은귀거북이다. 붉은귀거북은 자기보다 몸집이 큰 붕어도 잡아먹는 포식자. 딱딱한 등껍질 덕에 이들을 먹이로 삼는 천적이 없는 데다가 수명도 20년이 넘는다. 잡식성으로 붕어, 미꾸라지, 피라미, 개구리 등을 닥치는 대로 잡아먹는다. 아열대성 기후에서 잘 자라는 종이지만 한국의 추운 겨울도 '동면'으로 거뜬히 넘긴다. 모래톱에서 알을 낳는다고 알려졌지만 최근 조사 결과 다소 질퍽한 한국 강가의 흙에서도 알을 낳아 부화한다는 사실이 밝혀졌다. 외래종으로서 한국 환경에 거의 적응한 셈.

생태계의 일면을 아주 잘 분석한 기사임을 독자들도 느꼈을 것이다.

여기 최승호 시인의 글을 따와본다.

　"단일민족이라 하여 모두 무궁화를 노래하고 까치를 예찬하는 것은
아닐 것이다. 꽃은 다양하고 까치 말고도 멋진 새도 많다. 귀화생물을
외래종이라는 이유로 이 땅에서 몰아낼 것인가. 지도를 식별 못 하는
생물들이 무슨 국적을 알겠으며, 바다와 대륙을 건너다니는 철새들에
게 무슨 국적이 있겠는가? 우리가 지나친 애국심으로 그렇게 미워하
며 잡아 죽인 황소개구리들도 지금쯤 겨울잠에서 깨어났을 것이다.
경칩도 지났는데 우물 안 개구리 같은 마음에서 벗어납시다."

<중앙일보> 2000년 10월 1일 국제판의 글을 인용한다.

아시아산 민물장어가 미국 환경 당국의 공포 대상이 되고 있다. 광활한 미 대륙 생태계를 아시아 장어가 뒤죽박죽으로 만들어 놓는다는 것이다.

아시안 월스트리트 저널은 최근 「아시아 장어의 대 습격」이란 제목으로 민물 장어 이야기를 보도하고 있다.

"길이 90센티미터인 올리브빛 아시안 민물장어(swamp eel, rice field swamp eel)는 무한정의 식욕을 가진 폭군이다. 물고기, 개구리, 새우, 벌레 등 보이는 것은 닥치는 대로 잡아먹는 데다가 악어를 제외하면 천적이 없다. 장어가 사는 늪지에선 베스나 블루길 등 미국 토착 어종의 씨가 말라버린다. 장어는 특히 극한적인 상황에서 가공할 생존력을 발휘한다. 하버드대 연구팀에 따르면 장어는 물과 먹이를 일절 먹지 않고도 젖은 수건에 둘러싸여 7개월을 산 기록이 있다. 찬물, 더러운 물을 가리지 않고 짠물에서도 잘 견딘다. 가뭄이 들어 물이 바닥나도 주둥이에 뚫린 구멍 두 개로 호흡하면 몇 개월씩 살 수가 있다."

이 기사로 보면 아시아 민물장어는 거의 '슈퍼 물고기'다. 과장된 느낌이 없지 않지만 아시아산 장어에 대한 미국 측 공포감을 보여주고 있다. 미 환경학자들은 특히 장어의 가공할 번식력을 크게 두려워하고 있다.

"장어는 한 번에 1천 개 이상의 알을 낳는다. 게다가 주변에 이성(異性) 파트너가 없으면 스스로 성을 바꿔 문제를 해결하는 신비스러운 성 전환 능력이 있다. 장어를 퇴치할 방법은 현재로선 없다. 야행성이어서 사람 눈에 잘 띄지 않고, 피부가 단단해 가까운 곳에 다이너마이트를 터뜨려도 살 수 있다. 독극물로 잡는 것도 불가능하다. 수면 위로 주둥이를 내밀고 숨쉬며 버티기 때문이다."

아시아산 민물장어는 1994년 플로리다 주 어느 늪지에서 발견된 뒤 급속히 퍼져 나갔는데 현재 미 생태계의 보석으로 불리는 에버글레이즈(Everglades) 국립공원에도 장어가 번식하고 있다. 이로 인해 공원의 다양한 미국산 토종 동물들이 위협 당하고 있다는 것이다.

아시아산 장어는 동양계 미국인들이 식용으로 수입해 사육하던 것이 늪지로 흘러든 것으로 추정한다.

신문은 "미 환경당국은 외래 어종 퇴치를 위해 매년 1천 3백 50억 달러를 쏟아부었다. 그러나 아시아 장어 때문에 굉장히 힘들게 됐으며 특단의 조치가 필요하다."고 주장했다.

오랜만에 읽어보는 신나는(?) 기사다! 만날 황소개구리가 어쩌고, 블루길이다 베스다 하여 외래종에 당하는 이야기만 듣다가 말이다. 필자만 이런 생각이 드는 것일까? 고약한 심보 때문일까, 남 잘되는 것을 못 보는 성미? 그게 아니다. 자학하지 말자는 것이다. 우리 것들 도 외국에 나가서 이렇게 당당하게 살아가고 있다는 것이 뿌듯할 뿐. 세계 곳곳에 뿌리를 박고 힘차게 살아가는 해외 교포나 다름없는 '아 시아 장어'에 찬사를 보내며, 분투를 기대한다. 전깃줄을 치고, 먹이 식물을 다 잡아 죽이고, 덫을 놔도 소용이 없을 터……. 알고 보면 우 리도 끈질긴, 근성 있는 민족임을 부인 못한다. 신토불이(身土不二), 그 물고기에 그 사람, 그 사람에 그 물고기다! 민족혼이 스민 우리 드렁 허리!

여기서 말하는 아시아산 장어는 다름 아닌 드렁허리[Monopterus albus]다. 신문에 꽤 많은 특성을 설명하고 있는데, 거기에 조금만 덧 붙여 보자. 드렁허리는 몸이 원통형으로 길며 등은 짙은 황색이고, 배 는 주황색이거나 연한 황색이다. 진흙이 많은 논이나 호수에 살며 어 린 물고기나 곤충, 실지렁이를 먹고산다. 건조한 시기에는 흙 굴을 파 고 들어가 견딘다. 그리고 보통 때는 몸을 수직으로 세워 머리만 물 밖에 내놓고 공기호흡을 한다. 산란기는 6, 7월이며 풀 사이에 거품집 을 만들어 산란한다. 때론 자라면서 성 전환(性轉換, trans gender)을 하 는 것으로 알려져 있다. 장어형으로 가슴지느러미와 배지느러미가 없고, 등지느러미와 뒷지느러미는 퇴화하여 흔적만 남아 있다. 꼬리 지느러미는 있는 둥 만 둥 하고 눈이 아주 작다.

우리나라에서는 주로 서해안과 남해안으로 흐르는 강과 그 주변의 논과 농수로에 서식하며, 중국·일본·인도네시아에 등지에도 분포한다. 우리나라와 중국에서는 식용(요리)을 하는 것은 물론이고 약용으로도 쓴다고 한다. 방언으로 '두렁허리'라 부르는데 어쩐지 이 이름이 더 가깝게 느껴진다. 왜 그럴까. 이놈들은 흙을 파고드는 데 귀신이라 '논두렁의 허리'도 파고든다고 생각하니 그렇다는 말이다.

사람이나 물고기나 우물을 벗어나 세계로 뻗어나가야 한다. 그래야 하고말고. 신문 기사에서 '동양계 사람'이 과연 누굴까? 상을 받을 그 사람이? 아무튼 드렁허리 만세!

드렁허리가 미국에 보금자리를 틀 적에, 그 드센 가물치는 일본에 가서 판을 쳤다. 1916년과 1923~24년경에 일본인들이 들여가서 키워 먹었는데 지금은 혼슈, 쿠슈, 시코쿠 등 일본의 모든 평야지대에 널리 분포하고, 근래는 홋카이도까지 올라갔다고 한다. 그냥 먹기도 하지만 산후(産後)에 푹 고아서 먹기도 하는 힘센 물고기가 우리 가물치가 아닌가.

우리나라는 전국적으로 분포하며, 중국 일부 지역에도 살고 있다. 큰 강이나 호수는 물론이고 작은 연못에도 사는 가물치다. 서양 사람들은 가물치가 뱀을 닮았다고 하여 '뱀 머리(snake head)'라 하고, 중국에도 뱀이 변하여 가물치가 되었다는 전설이 있다고 한다. 머리만 보면 우리 눈에도 뱀을 닮은 것이 사실이다. 몸은 원통형이고, 머리는 긴 편이고 입은 크다. 등지느러미와 배지느러미는 다른 고기와 달리 무척 발달하여 아주 길고 넓적하다. 몸은 황갈색이거나 암회색이고, 몸 전체에 검은색 마름모꼴인 반문(斑紋)이 퍼져 있다. 식성도 좋아서 작은 물고기는 물론이고 개구리도 먹는다. 게다가 배가 고프면 병든 친구는 말할 것 없고 제 새끼까지 마구잡이로 먹는다고 하니 먹새 좋기로 유명하다. 아니, 섬뜩하다.

가물치가 특히 좋아하는 환경은 저수지나 늪과 같이 물의 흐름이 거의 없고 물풀이 많이 난 곳이다. 보통 때는 아기미로 호흡하지만 물이 없으면 아가미에 있는 부속기관을 이용하여 공기호흡을 하기도 한다. 그래서 겨울엔 진흙에서, 비온 뒤에 늪지에 나와서도 잘 견딘다. 무척이나 생명력이 질긴 물고기임에 틀림없다. 또 특이한 산란습성이 있으니, 물풀을 뜯어다 모아서 지름이 1미터 가까이 되는 둥지를 만들고 거기에다 알을 낳는다. 물론 둥지는 물 표면에 둥둥 뜬다. 한 번에 낳는 알은 평균하여 7,000여 개가 된다. 억센, 우리를 닮은 가물치[*Channa argo*]는 일본에서 '가무루치(kamuruchi)'로 대접을 받고 있다.

잉어[*Cyprinus carpio*] 또한 간단치 않은 종이다. 영어로는 종명을 따서 'carp'라 부르는데, 중앙아시아가 원산인 이놈들이 유럽은 물론이고 미국에서도 기죽지 않고 버틴다. 비단잉어도 다름 아닌 잉어가 아닌가. 기록을 찾아보았다. 유럽으로 이 물고기가 어떻게 건너갔는지 정확하게 모르지만, 11~12세기경에 중국으로부터 들여간 것으로 추정하고 있다(지금도 중국 내륙에 가면 잉어를 키워 먹는 것을 많이 봄). 연못에다 고기를 길러 먹는 것이 유행하면서, 1500년이 되기 직전에 영국으로 들여갔다는 기록이 있다. 1653년 영국의 월턴(Izaak Walton)은 잉어를 '강의 여왕(queen of the rivers)'이라 칭송하기에 이르렀다고 한다. 왜냐하면 잉어는 어느 물고기보다 적응력이 강하고, 번식도 잘 되었기 때문이다.

그 뒤 미국으로도 잉어가 옮겨간다. 1800년경, 독일 이민자가 잉어를 들여갔으나 성공하지 못했다 하나, 1872년 캘리포니아에 이입되었으며, 1877년에 워싱턴의 한 연못에서 정성 들여 키워서 새끼를 얻어서 미시시피 강에다 풀었다고 한다. 재빨리 번식하여 살터를 넓혀서 1883년엔 이미 미네소타까지 북상했다고 한다.

미네소타에 도착한 잉어는 대접을 받지 못하고 수난을 겪는다. 자연 식생(植生)을 파괴하는 데다가 토종 물고기의 산란장이나 서직지를 교란하고 방해한다 하여 눈에 쌍심지를 켜고 깡그리 죽이려 들었다. 고기 맛도 그리 특별하지 않을 뿐더러 맑은 물을 흐려놓기에 타도, 일망타진의 대상이 되었다. 그러나 씨를 말리지는 못했다. 주로 그물을 쳐서 잡았는데, 겨울철 얼음 밑에 숨은 놈을 잡았다. 1년에 수천 파운드(1파운드는 약 450그램)를 잡아서 시카고나 뉴욕 어시장에 팔았다고 한다.

미국 사람들에 얽힌 잉어 이야기가 재미있다. 그놈들을 잡는 것이 얼마나 힘들었는가도 묻어 있다. 잉어는 무척 조심스러워서 조금만 시끄럽거나 자극을 받아도 깊은 물속으로 후딱 내뺀다. 주로 산란을 할 때 그물을 쳐서 잡는데 여간해서는 못 잡는다. 그물에 둘러싸였다 싶으면 그물을 뛰어넘거나 그물 밑으로 귀신같이 빠져나간다. 나중에 알았지만 그물보다는 통발이 더 효과적이라, 알을 낳으러 가는 길목에다 놓아 잡았다고 한다.

그런가 하면 미네소타에서는 잉어를 잡아서 수백만 달러를 벌어들였다. 그러나 그 돈은 호수에 미치는 해악과 관광자원의 입장에서 되레 손해였다. 2차 대전 때는 잉어를 깡통에 넣어서, '호수 물고기(lake fish)'란 이름으로 팔았다. 바로 먹기도 했지만 샐러드를 만들어 먹기도 했다. 전쟁이 끝난 다음에는 잉어를 훈제하여서 맛나게 했고, 진흙

냄새를 없애기 위해서 양쪽 배 옆에 붙은 검은 줄(dark streak)을 떼내기도 했다고 한다.

미국 이야기는 이 정도로 하고 영국으로 다시 넘어간다. 유럽에서는 여러 양념을 넣어서 굽거나 끓여서 맛을 내기도 했다고 하니, 앞에서 말한 영국의 월턴이 『조어대전(釣魚大全, The complete angler)』이라는 책에 써놓은 잉어 요리법을 보자. 요약하면, "냄비에다 잉어간과 피를 같이 넣는다. 파슬리 등 여러 풀(herb)을 밑에 깔고 양파를 통째로 몇 개, 양념한 굴, 멸치 세 마리를 넣고 거기에다 잉어를 얹는다. 그 위에다 잉어가 잠길 만큼 와인을 붓고, 소금·오렌지·레몬을 첨가해 뚜껑을 닫고 불을 세게 올려서 푹 끓인다. 익은 잉어를 접시에 덜어내고 신선한 버터를 녹여 붓고, 달걀 두세 개를 얹는다. 그리고 그 위에다 레몬을 뿌려서 내 놓는다." 정말 입 안에 군침이 도는구려!

너 나 할 것 없이 먹을 게 없던 옛날에는 잉어도 아쉬웠던 모양이다. 냄새를 없애기 위해 애쓴 모습이 요리법에서 느껴지는군.

<중앙일보>, 「과학과 미래(2003년 9월 25일)」 기사 또한 우리에게 용기(?)를 준다.

가을철 바람에 흔들리는 갈대는 우리에게 매우 청초한 이미지다. '바람을 잠재우는 하얀 깃털'로 불리며 수많은 예술 작품의 소재로 쓰이기도 했다. 그러나 갈대가 북부의 5대호 연안까지 급속도로 퍼지기 시작한 것이다. 지난해 예일대 크리스틴 살톤스톨(생태학) 교수가 엄청난 번식력을 자랑하는 이 갈대의 DNA를 조사한 결과 아시아에서 유입됐다는 사실을 밝혀냈다.

염분이 있는 해안가에서 생육하던 갈대가 담수호인 5대호까지 퍼져나가는 모습을 두고 이 지역 언론은 "아시아가 미국을 점령하고 있다."로 호들갑을 떨었다. 실제 이 일대 갈대는 키가 3~4미터까지 자라면서 햇빛을 차단, 5대호 연안에 자생하던 수초 군집을 바꿔 가는 중이다.

미 퍼듀대에서 복원생태학을 연구하고 있는 최영동 교수는 "갈대밭에 불을 질러보기도 하고 제초제를 사용하기도 했지만 별다른 해법을 찾지 못했다."며 "토종 식물종이 점차 줄고 있으며 이를 먹고살던 수생동물도 사라지는 추세."라고 말했다. 외래종이 생태계를 교란하고 있다. 이젠 우려의 수준을 벗어나 대책을 마련해야 하는 단계에 들어섰다는 지적이다.

지난달 미국 사바나에서 열린 미국 생태학회 학술발표대회에서도 외래종에 의한 생태계 교란은 중요한 이슈로 관심을 끌었다. 독일 훔볼트대 산덜스 교수는 "최근의 기후 변화가 생물들의 침입 및 분포와 깊은 연관성이 있다."고 주장했다. 지구 온난화에 따라 외래종의 분포지가 더 확장될 수 있다는 설명이다.

5대호 일대는 러시아 남서부 카스피 해에서 건너온 담수 홍합으로도 골머리를 앓고 있다. 군집을 이루는 특성 탓에 보트의 모터에 끼어들고 원자력발전용 냉각수 파이프의 입구를 막는 등 매년 1천만 달러의 피해를 주고 있다는 통계도 나왔다. 길이 1미터가 넘는 아시아산 잉어까지 출몰, 양식장을 폐허로 만들고 있다는 보도도 잇따랐다.

한국과 중국 등에서 약용으로 쓰이는 칡도 미국에서 맹위(?)를 떨치고 있다. 주로 남동부 일대를 휩쓸며 토종 나무를 고사시키고 낡은 하수관에 구멍을 내는 등 매년 수백만 달러의 피해를 내고 있다.

미국만 외래종의 피해를 보는 것은 아니다. 피해를 주기도 한다. 미

동부 연안이 '고향'인 젤리피시(jelly fish)가 대표적, 젤리피시는 흑해에서 잡히는 물고기의 90퍼센트에 이를 정도로 생물의 다양성을 감소시키고 있다.

한국도 외래종의 침입에서 안전하지 않다. 외래종의 수는 2001년 현재 281종에서 갈수록 늘어날 전망이다. 개발 열기가 가장 뜨거웠던 수도권은 이제 외래종의 온상이다. 쓰레기 매립지였던 난지도 주변에서 제비꽃, 할미꽃, 꽃다지, 은방울꽃, 애기나리 등의 자생종보다 개망초, 달맞이꽃, 돼지풀, 서양등골나무, 가중나무 등 외래종이 눈에 더 많이 띄고 있다.

이 같은 외래종은 어디서 어떤 방식으로 오는 것일까. 진화론의 찰스 다윈은 "철새의 발바닥에 붙은 씨앗 한 개가 대륙을 건너가 새로운 숲을 이루기도 한다."고 말할 정도로 새로운 종의 유입 경로는 다양하다. 특히 교통수단의 엄청난 발달은 생물지리학적 장벽을 걷어내 버렸다.

외래종이 생태계를 위협하는 이유는 재래종보다 뛰어난 번식 능력에 있다. 양지성 식물이 대부분이나 서양등골나무의 경우 음지에서도 잘 자랄 뿐 아니라 한 포기에서 수만에서 수십만 개의 종자를 퍼뜨릴 정도로 번식 속도가 빠르다. 망초는 하나의 개체에서 80만 개, 양미역취는 1백만 개의 종자를 퍼뜨린다. 민들레는 봄에 잠시 꽃을 피우지만 서양민들레는 연중 계속 꽃을 피우니 경쟁이 될 수 없다.

외래종은 다른 식물의 성장을 억제하는 천연 제초제를 내뿜기도 한다. 서울대 이은주(생명과학부) 교수는 외래종이 경쟁에서 이기기 위해 스스로 만들어내는 천연 제초제의 양이 자생종에 비해 두 배 이상 많다는 사실을 밝혀냈다.

이 교수는 "천연 제초제는 토양을 산성으로 만들어 자생종을 몰아 낸다."며 "자생종으로 안정을 이룬 토양보다 개발을 위해 갈아엎는 등 교란이 발생한 지역에서 특히 외래종의 생육이 유리하다."고 말했다. 교란이 발생한 시기에 침입한 다음 기존 생태계에 변화를 일으킨다는 설명이다.

그렇다면 외래종을 없애고 자생종으로 생태계를 복원할 수 있는 방법은 없을까. 한번 바뀐 생태계를 인간의 힘으로 되돌리려면 막대한 비용과 시간이 소요된다. 외래종을 제어하기 위해서는 침투 자체를 막거나 초기에 제거하는 방법이 가장 좋다. 그래서 미국 등에선 천적을 이용한 외래종 퇴치법 개발에 몰두하고 있다. 미국 농업연구청은 자생종인 벼룩잎벌레가 유럽산 수레국화의 천적이라는 사실을 알아내 조만간 이들 벌레를 현장에 투입할 계획이다.

아무튼 우리는 지금 요지경인 세상에 살고 있다. 저들 것이 우리에게, 우리 것이 저들에게, 일종의 방산(放散)으로, 생물들은 이렇게 자기의 세계를 끊임없이 넓혀 왔다, 또 넓히려 들 것이다.

　날씨도 칙칙하고 텁텁하니 광활무변(廣闊無邊)하여 가슴이 타아악 트인 여름바다로 가본다. 왜 저렇게들 바다를 찾고 싶어하는 것일까? 애시당초 생명체가 바다에서 생겨났고 그것이 진화(변화)하여 사람이 되었다고 하지만 오불관언(吾不關焉), 믿건 말건 나는 상관하지 않는다. 어쨌거나 자궁 속 양수(羊水)가 바닷물과 비슷한 짜기(염도)라는 것은 부인 못한다. 어머니의 양수를 대신하는 안태본(安胎本)이기에 바닷물이 그립고, 그 안에 푹 한번 잠기고파서 저렇게 쥐 떼처럼 바다로 몰려드는 것이리라.

　여기서 쥐란 레밍쥐(lemming mouse), 즉 나그네쥐를 지칭한다. 노르웨이에 사는 이 설치류(齧齒類)는 3년마다 한 번씩 대이동을 한다. 섬나라라 무한히 멀리 넓게 퍼져 나가지 못하고 갇힌 상태다. 시간이

지나면서 개체 수는 증가하고, 가운데 있는 쥐들은 숨 막히게 조여오는 스트레스를 이기지 못하고 급기야는 밖으로 냅다 튀어 달려나간다. 역시 압력을 느껴왔던 다른 쥐들도 이때다 하고 먼저 쥐를 맹목적으로 따른다. 줄지은 쥐 떼는 드디어 바닷가에 도달하고, 오갈 데 없어서 바다에 풍당풍당 빠져 죽고 만다. 그리하여 집단이 성글게 된다. 이렇게 쥐처럼 남따라 부화뇌동하는 것을 레밍 효과(lemming effect)라 한다. 하여, 사람의 본성이 쥐를 닮은 점이 있다는 말이겠지? 옆집에서 어디를 갔다오거나 뭘 샀다고 하면 그걸 따라 못해 안달을 부리는 게 아녀자들이다. 그들의 본성이 더 짙은 건 아닌지.

바다는 으레 물고기들의 집이요 고향이다. 온도 변화가 적은 물에 사는 놈들은 한겨울 칼바람과 화들짝 더운 여름 맛을 보지 않아서 좋다. 어쨌거나 물고기(어류)는 대별하여 뼈가 딱딱한 경골어류와 물렁한 연골어류로 나뉜다고 했다. 거의 대부분이 경골어류고(민물에 나는 것은 모두 경골임) 일부가 연골어류인데, 거기에는 홍어, 가오리와 상어 무리가 있다. 그 중에서 상어만 쏙 뽑아 놈들의 속 이야기를 엿듣고자 한다.

제목부터 풀이해보면, 보통 물고기는 산란기가 되면 애써 암수가 짝을 만나 암놈이 알을 낳고 서둘러 수컷이 정자를 그 위에다 뿌리는 체외수정(體外受精)을 한다. 그런데 상어는 그렇지 않다. 반드시 암수가 교미를 하여 몸속에서 수정을 하는 체내수정(體內受精)을 한다. 물고기 놈들이 무슨 교미를 한담. 교미는 땅에 사는 동물들의 전유물이 아닌가. 묘한 놈들이다! 몸 밖에서 수정되는 새끼들은 거의 반 다른 물고기의 먹이가 되고 말기에 알 수없이 많이 낳아야 하나 상어는 어미 몸속에서 자라서 태어나기에 알을 적게 낳아도 된다. 아주 경제적인 동물이라고 할 수 있으나, 딴 동물의 입장에서 보면 꽤나 밉상 부리며 제 잇속 챙기는 데 능한 동물인 셈이다. 새끼를 딴 고기의 밥으로 주지 않으니 말이다.

상어 또한 산전수전 다 겪은 우리의 대형(大兄)이시다. 약 4억 년 전에 이미 이 지구에 태어나시어 유구(悠久)한 세월을 천연덕스럽게, 떡하니 바다를 누비셨으니 하는 말이다. 우리보다 100배 이상 긴 시간을 지구에서 살았다는 말씀. 하기야 지구의 생물 중에 우리보다 늦게 온 것이 없으니 막내둥이 인간이 하룻강아지로, 범 무서운 줄 모르고 날뛰며 온통 지구를 헤집고 할퀸다. 나중에 나오는 '지느러미 자르기'를 읽으면 이 구절이 불현듯 떠오를 것이다. 온 생물들이 철딱서니 없는 꼬마 망나니만 나타나면 큰 변을 당할까봐 벌벌 떤다. 악업(惡業)에 고업(苦業)이라 했겠다. 봐라, 언젠가는 네가 판 구렁텅이 밑바닥에 폭 빠져 뒈지는 때가 필히 오고야 말 것이다, 이 무지렁이 인간들아. 자연을 경외(敬畏)한 존재로 봐야 한다는 뜻을 전한다는 것이 좀 격했나 보다. 하지만 경솔한 인간 생태가 마음에 들지 않아 한 쓴소리로 치부해주기 바란다. 내 안의 내가 또 하나 들어 있으니, 나도 나를 억누르지 못한다. 내 안에 내가 갇혀버렸다.

상어 하면 영화 「죠스(Jaws)」와 소설 「노인과 바다」를 떠올린다. 상어를 전공하는 사람들의 말을 빌리면 전자는 상어 중에서도 백상어이고 후자는 청상어라고 한다. 상어면 다 같은 상어가 아니란 뜻이다. 상어는 세계적으로 350여 종, 우리나라 근해에만도 14여 종이 서식한다고 한다.

상어는 뼈가 몰랑몰랑하여 통째로 다 먹는 연골어류이며, 아가미 뚜껑이 없어 아가미가 겉으로 드러나는 것이 또한 특징이다. 그러니 홍어나 가오리도 아가미가 나출(裸出)된 나새류(裸鰓類)다. 그리고 상어는 어느 것이나 아주 꺼칠꺼칠한 방패 모양의 비늘[楯鱗]을 가지고 있어서 그 껍질을 벗겨 말려서 사포(砂布, sand paper) 대용으로 물건을 문지르는 데 써왔다.

상어 뼈는 연골이라 했다. 독자들은 당장 상어연골(shark's cartilage)이라는 약을 떠올렸을 것이다. 암 치료에 좋다고 하던가. 좋고 안 좋고는 초들 필요가 없고, 상어는 온 뼈가 물렁물렁해서 몸이 아주 가볍기에 물에 잘 뜬다. 상어 연골은 우리 사람의 코뼈나 귓바퀴 뼈와 똑같은 탄성연골(彈性軟骨, elastic cartilage)이다. 엉뚱한 생각이지만, 우리 귓바퀴나 콧등이 딱딱했다면 어쩔 뻔했을까. 백 번 고맙습니다, 조물주님.

상어 하면 사람 잡아먹는 식상어와 고급요리의 하나인 상어지느러미(shark's fin), 그리고 내륙 지방 사람들이 반드시 제사상에 올리는 상어토막을 연상하게 된다. 상어 이야기 하다가 웬 제사냐? 어째서 바다에서 먼 내륙지방에서 제물로 상어 토막고기를 써 왔을까. 상어가 제사상에 오르지 않으면 제사가 되지 않았으니 말이다. 조금 있다 보자. 갑자기 더 다급한 것이 떠올라서.

독자들은 목포의 명물이 '홍탁'임을 잘 알고 있다. 반쯤 썩힌 홍어(洪魚) 안주에 걸쭉한 탁주가 일품 궁합이란 말이다. 알다시피 홍어를 두엄 속에다 파묻어서 얼썩힌다고 하지 않는가. 그 이유는 이렇다. 상어, 홍어 등의 연골어류는 소변의 주성분이 우리처럼 요소(尿素)라(경골어류는 암모니아임) 바로잡아 싱싱한 것을 그대로 먹으면 지린내가 나서 고기가 맛이 없다. 아니, 못 먹는다. 그래서 얼마간 시간을 두고 요소가 분해되길 기다리는 것이 '썩힘'이란 행위이다. 그것도 설익힌 것과 농익힌 것이 따로 있다. 사람에 따라서 기호가 다른데, 프로 들은 후자를 즐긴다. 물론 썩힌 홍어나 가오리도 오줌 냄새와 요소가 분해된 암모니아(NH_3) 가스를 풍기나, 조금 덜 날 뿐이다. 그래도 그 맛에 인이 박이면 필자처럼 글을 쓰면서도 군침을 참지 못한다.

이제 다시 제사 이야기로 돌아와서, 한마디로 연골어류는 여느 물 고기처럼 쉽게 부패하지 않는다. 교통 사정이 좋지 않던 그 옛날에도 저 먼 시골까지 가져갈 수 있었고, 그래서 자연적으로 상어가 제사에 쓰이게 된 것이다. 보통 경골어류를 뜨끈한 두엄 속에다 며칠 처박아 뒀다면 어떤 일이 일어났을까. 썩어빠져 버렸지. 그리고 동해안 바닷 가 여염집 제사상에 고래고기 토막이 반드시 올려졌던 것을 보면 제 사상도 처한 환경에 따라 다름을 알 수 있다. 하여, 제례(祭禮)도 다 조금씩 다르고, 그래서 남의 제사만은 간섭하지 말아야 하는 것. 대추 나라 감 나라 하고 말이다. "살아 탁주 한 잔이 죽어 큰상보다 낫다." 고 하니 제사 타령은 여기서 접는다.

상어는 꼭 우리 사람을 위해 태어난 것 같구나. 이젠 지느러미를 먹을 차례라 하는 소리다. 상어들이 절체절명의 궁박한 위기에 처해 있다. 갈피를 못 잡고 좌초의 위기에 섰다. 저런! 바다 여기저기에 지 느러미(fin)가 잘려나가 헤엄을 제대로 치지 못하고 나뒹구는 놈들이, 덩그러니 뒤뚱거리며 떠다니는 놈들이 널브러져 있다고 한다. 누가? 왜? 예리한 칼로 거리낌 없이 상어에서 비싼 지느러미만 싹둑 잘라 챙기고는 몸통은 통째로 바다에 던져버렸기 때문이다. 몹쓸 놈들 같 으니라고! 어안이 다 벙벙하다. 도덕군자인 척하는 낯짝 뻔뻔한 인간 들의 행태가 이래서야……. 배는 버리고 배 꼭지만 파먹는구먼. 처연 한 상어여! 비린 웃음을 참기가 어렵구나. 극악극독(極惡極毒)한 놈들을 닮지 마시구려.

중국요리를 먹어보면 잡탕 비슷한 요리에 상어 지느러미를 조금 집어넣어서 만든 것이 앞에서도 말한 삭스핀(shark's fin)이다. 한천(寒天) 모양을 하면서 오돌오돌 입에 씹히는 맛이 좋은 상어 지느러미 요리다. 상해나 홍콩 등지에선 음식을 먹기 전에 맛보기로 상어 지느러미가 나온다는 소리도 들었지만, 언감생심, 그것을 먹어볼 팔자가 못 된다.

무턱대고 물어보자. 상어가 사람의 적일까 아니면 사람이 상어의 적일까. 바다에서 상어에 물려 죽을 확률은 땅에서 벼락을 맞아 죽을 확률보다 낮다고 하니 상어가 인간에 주는 피해는 아주 극미하다. 인간이 모든 동물의 적(천적)에 해당한다는 것은 누누이 강조하고 지적한 바가 있다. 세계에서 일 년 내내 상어에 물려 사망하는 건수는 30건 정도로 뱀에 물리는 것에 비하면 새 발의 피다.

그리고 400여 종이나 되는 상어 중에서 아무 상어나 사람에 달려드는 것이 아니고, 세계적으로 단지 12종뿐이라고 한다. 어쨌거나 놈들 중에는 5월이면 난류를 타고 우리나라 서해안까지 올라와 전복이나 키조개를 잡는 어부, 아니 조개 잡는 패부(貝夫)를 노린다고 하니 경계하지 않을 수가 없다. 군산을 거쳐 안면도까지 진출을 하니 매년 그때면 식상어 경계령이 내려진다. 여기에 등장하는 식인상어는 백상아리라는 놈이다. 그런데 이것들이 왜 사람을 공격하는지는 아직 확실하게 알려져 있지 않다. 그리고 상어를 물리치는 방법도 딱히 없다고 하니 조심하는 수밖에 없다. 특히 밤에 물 위로 올라온다고 한다.

상어에 '바다의 포식자(捕食者)'란 대명사가 붙은 것은 그 무서운 이

빨에서 단방에 감지할 수가 있다. 고래처럼 물을 한껏 들이마셔 아가미로 흘려 내면서 플랑크톤을 걸러 먹는 종류들은 이빨이 거의 없다시피 하지만, 다른 고기나 조개류를 먹는 놈들은 톱니 모양, 송곳 모양, 어금니 모양의 이빨을 가진다. 이빨을 보면 식성을 아는 것은 당연하고, 종 분류도 가능하다. 상어는 사람과는 달리 일생 동안 여러 번 이빨을 간다. 종에 따라서는 이가 두 줄로 나 있어서 앞의 것이 빠져버리면 뒤의 것이 보충해서 채우기도 한다.

그리고 상어는 먹이를 물면 반드시 머리를 살래살래 흔든다고 한다. 하긴 개나 고양이도 마찬가지지만, 씹을 때 턱이 좌우로 움직이지 않기에 흔들어서 먹이를 자르고 상처를 내고 죽이는 것이다. 허긴 어디 상어뿐인가, '씹어 돌리'는 것은 사람도 매한가지다.

어떤 상어는 저 깊은 바닷속 암흑에서도 아무런 불편 없이 살아간다. 눈이 어떻게 생겼기에 그런 일이 가능할까. 다 살기 마련이라고, 참 신기한 일이다! 심해 생물들은 하나같이 발광기(發光器)를 가지고 있어서 빛을 발해 반사광으로 먹이를 찾거나 적을 쫓는다. 그런데 발광기가 없는 이 상어는 눈이 아주 밝아서 칠흑 속에서도 먹잇감을 척척 쉽게 찾아낸다. 상어 눈은 고양이의 것과 유사하여 어둠에 아주 민감하다. 다시 말하면 상어 눈알의 저 안쪽 망막(網膜) 뒤 맥락막(脈絡膜)에 은색판(銀色板)이 깔려 있어서 약한 빛도 강하게 반사시켜 물체를 구분한다. 그 은색판을 타페텀 루시둠(tapetum lucidum)이라고 하는데, 은색 결정체인 구아닌(guanine)이 주를 이룬다. 이 감광색소(感光色素)는 반사뿐만 아니라 옅은 빛도 잘 흡수한다. 밤에 고양이 눈을 보면 이상한 빛이 나는 것은 바로 이 타페텀이라는 구조물 때문이다. 많은 야행성 동물들이 이런 유사한 구조를 하고 있지만 사람에게서는 전연 그런 특징을 발견할 수 없다. 만일에 그것이 있다면 전깃불이 필요 없고, 올빼미 족들이 더없이 좋아할 뻔했다. 눈에서 불색까지 뿜어내는 괴물인간을 상상해보라?!

그리고 보통 물고기는 눈알이 한자리에 박혀 있어서 미동(微動)도 않으나, 이런! 상어 놈들은 눈알을 굴리고 또 순막(瞬膜)이라는 얇은 막이 있어서, 순막을 열었다 닫았다 하여 눈망울을 보호한다. 먹이를 잡아 물고 흔들 때에는 제 눈을 보호하기 위해서, 순막이 없는 백상아리는 눈을 뒤로 돌려서 눈동자를 숨겨버리고, 청새리상어는 아래에 있는 순막으로 눈을 덮어서 보호한다. 그런데 순막이 뭔지 의문이 드는 독자가 있을 것이다. 사람은 순막이 퇴화되어 버렸기에 의문이 생길 수밖에 없다. 그래도 흔적이 남아 있으니, 양쪽 눈알 안쪽(코 쪽)의 불그스레한 살점이 바로 그것으로, 이런 것을 퇴화기관(退化器官)이라 한다. 개구리나 닭이 투명한 막으로 눈을 덮었다 열었다 하는 것을 볼 수가 있은데 그것이 바로 순막이다. 사막에 사는 낙타 눈에 그것이 없었다면 모랫바람에 살아남을 수 없었을 것이다.

상어 사랑은 유별나다. 어디 세상에 물고기(어류) 녀석이 교미(交尾)를 하여 체내수정을 한다니? 괴이타 하지 않을 수 없다. 수놈은 배지느러미 안쪽에 손가락 모양의 긴 교미기(자지) 한 쌍을 가지고 있는데, 묘하게도 뱀의 그것과 아주 흡사하다. 암놈의 생식공(生殖孔)에다 둘 중의 하나를 비뚜름하게 삽입하는데 경우에 따라서는 둘을 모두 쓰기도 한다. 서로 안거나 거머쥐지도 못하면서 짝을 맞춘다니? 절대로 가짜교미가 아니다.

상어들의 구애 행위 또한 별나다. 수놈이 암놈의 배 아래에 있는 생식공 근방에 코를 들이대고 암놈을 구슬리며 생식 가능성을 확인한 뒤에 가슴지느러미나 아가미를 물어뜯어 숫기를 부리기 시작한다. 그러면서 몸을 맞대고 짝짓기를 하는데 경우에 따라서는 암놈의 살을 물어서 덕지덕지 커다란 상처를 내기도 한다. 모두가 암놈에게 자극(산란을 재촉함)을 주는 행위다. 아무튼 교미를 끝낸 암놈은 온몸이 우그러들고 패어 상처투성이다. 격렬한 사랑 끝에 남은 '검은 상처'라서…… 애처롭다고만 말한다는 것이 어쩐지. 다행히 암놈 뱃가죽이 수컷보다 두 배가 두꺼워 그 정도 사랑을 흔쾌히 견뎌낸다. 이것도 살생성인(殺生成仁)인가?

상어의 임신 기간은 꽤나 길다. 길게는 10개월까지 가는 놈이 있다니 말이다. 아무튼 배 속에서 수정이 일어난 수정란은 종에 따라서 어미 몸에서 일부 양분을 얻어 자라는 태생하는 놈이 있는가 하면, 부화되어서 알 속 양분으로만 커서 나오는 난태생이 있다. 어느 동물이나 태생하는 놈들은 임신 기간이 길고, 태어나는 새끼도 크며, 그 수도 얼마 되지 않는다. 다 커 나오니 다른 물고기의 밥이 되지 않는다는 장점 때문에 그렇다. 유아 사망률이 높던 그 옛날에 애 낳다 세월을 다 보내던 사람이, 의학이 발달한 요즘 아이를 적게 낳는 것과 같은 원리다. 아무튼 무적(無敵)의 상어도 새끼 땐 다른 큰 놈들의 밥이 되지 않을 수가 없다는 것.

날고뛰는 간 큰 사람도 상어 간(肝)에는 당하지 못한다. 어떤 녀석(종)은 내장의 90퍼센트가 간으로 채워져 있다니 말이다. 상어는 왜 그렇게 간이 큰 것일까. 상어는 부력을 조절하는 부레가 없다. 몸이 뜨고 가라앉는 부침(浮沈)에 부레가 아주 중요한 몫을 하는데도 말이다. 상어는 부레 대신 순전히 지방 덩어리인 간이 커져서 물에 뜨도록 적응하였다는 것이다. 물론 물고기 종류는 모두 다른 동물에 비해

간이 상대적으로 큰 것은 사실이다. 그 간에서 간유(肝油)를 뽑아내어 약을 만드니 그것이 간유구고, 비타민 A와 D가 많아서 야맹증(夜盲症) 등 눈에 좋다. 고기 주고 간까지 빼주는 상어야, 너 참 고맙다 야!

물고기와 부레의 관계를 좀더 더듬어보자. 부레를 'air bladder'라고도 하는데, 원구류(圓口類)와 상어나 가오리 같은 연골어류에는 퇴화하여 없어지고 경골어류에만 있다. 몸 안 복강 위쪽 가까이, 세로로 길고 가스로 부푼 은백색의 얇은 껍질(혁질)로 된 주머니가 바로 부레다. 부레는 어류가 발생을 하는 도중 소화관의 앞쪽, 즉 인두부(咽頭部)에서 돌출된 것이다. 해부하여 떼어낸 부레를 손끝으로 눌러보면 '빵' 소리를 낸다. 하마터면 귀청을 다칠 만큼 큰 소리가 난다.

부레는 물고기가 물의 깊이에 따라 상하로 이동할 때, 내부 가스량을 조절하는 역할을 한다. 주머니 속에 저장된 가스는 공기와 같이 산소와 질소, 약간의 이산화탄소 혼합물인데, 혼합비는 공기와 다르고, 또 종류나 서식처에 따라 차이가 있다. 부레는 간접적으로 귀와 연결되어 청각 또는 평형감각을 담당한다. 또 부레는 소리를 내기도 한다. 내부 가스를 좁은 기도를 통하여 식도로 밀어내어 울음소리를 낸다. 조기 떼가 소리를 낸다는 말이 맞다. 즉, 부레는 허파와 상동기관(相同器官)으로, 허파와 발생근원이 같지만 호흡은 아가미가 맡아하고 이것은 부침을 맡아한다.

바다의 폭군 상어는 얼마나 살까. 확실하지는 않으나 장수하는 놈은 백수(白壽)를 넘긴다고 하니 꽤나 장수 집안의 유전자를 가지고 태어났다 하겠다. 사실 물고기는 늙어 힘 빠지면 단방에 다른 놈이 달려들어 잡아먹어 버리기에 사람처럼 똥 싸 붙이면서 근근이 생명을 부지하는 녀석이 없다.

그러면 상어의 나이는 어떻게 알 수 있을까. 상어가 자라면 등뼈(척추)도 함께 커 가고, 거기서 나이를 찾는다. 등뼈를 세로로 잘라서 들여다보면 나무의 나이테(annual ring)와 똑같은 고리가 보이는데, 그것도 여름에는 간격이 넓고 겨울엔 아주 좁다. 상어는 나이를 뼈 속에다 묻어두었다! 물고기는 등뼈 말고도 비늘이나 이석(耳石, 귓속에 들어 있는 뼈)에서도 그 흔적을 찾을 수 있는데, 사람은 주로 얼굴과 손등에서 험한 세월의 풍화작용을 본다. 그런데 세월과 나이를 떠나 살 수는 없을까. 단언컨대 나이는 숫자일 뿐! 아무리 세월을 거스르고 싶어도 그것 막는 장사 없으매…….

상어는 어느 물고기보다 여러 가지 감각기관을 다 동원하여 먹이를 찾는다. 먹잇감이 어디에 있는가를 알아낼 때는 제일 먼저 들려오는(물고기의 요동) 소리로 감을 잡고, 수백 미터 밖의 것은 냄새로, 더 가까이 오면 몸 양쪽에 줄지어 난 옆줄로 진동을 감지하며, 더 다가오면 그때서야 눈으로 확인한다. 게다가 청각이 발달하여 1킬로미터 이상 멀리 있는 소리도 듣는다고 하니 상어는 또래들 중에서 예민한 동물임에 틀림없다.

그러면 우리나라에는 몇 종류의 상어들이 살고 있을까. '지성사'에서 나온 책 『상어』라는 책에 14종을 기록하고, 그 습성까지 상세히 기술하고 있다. 최대 몸길이가 6미터나 되는 식(食)상어인 백상아리와 체장이 65센티미터 남짓 하여 외국에서 낚시꾼들에게 가장 인기가 있는 청상아리가 대표적이고, 그 외 고래상어, 돌묵상어, 얼룩상어, 홍살귀상어 등이 있다고 한다.

우리나라에서 상어에 관한 기록은 청동기 시대로 거슬러 올라간다. 울산 반구대 암각화에 상어 모습을 새긴 암각(巖刻)이 있고, 조선

정조 때 한치윤의 『해동역사』에도 "5월 후에는 바닷속에 큰 물고기가 있어서 사람을 해치므로 이때는 바다에 들어가지 말아야 한다."는 기록도 있다. 아무튼 바다를 끼고 사는 우리에겐 상어 또한 중요한 생의 대상물이요 식물(食物)이었음에 틀림이 없다.

앞에서도 강조하였지만, 이 무서운 상어보다 더 악질에게는 기를 못 펴고 맥을 못 추니 그 동물이 바로 꾀죄죄한 인간이다. 세상에 독불장군 없다는 말을 잊어버리고 사는 짐승. 서로 아끼며 살아가야 할지어다. 기껍게 서로 아우르는 상생(相生) 말이다. 가장 여린 것이 가장 강한 것이라 하였으니 말이다.

　　"복어 헛배만 불렀다."는 말이 있다. 어디 복어도 배탈이 나는가, 가스 찬 헛배라니? 복어는 위험에 처하면 공기로 배를 빵빵하게 불리기에 '복어(腹魚)'라는 이름이 붙었다. 물론 헛배만 불렀다는 비아냥거림은 실속 없이 잘난 척 허세만 부리는 사람을 조롱하는 말이다. 복어가 어떻게 배를 불리는지 그 과정은 정확히 밝혀지지 않았다. 입으로 공기나 물을 한껏 빨아들여 '부풀리는 주머니', 팽창낭(膨脹囊)을 꽉 채워 제 몸통의 4배까지 부풀린다고 한다. 개구리가 황소따라 배를 불리다가 터져 죽었다는 우화(寓話)가 있던가. 복어도 넉살 부려, 가뜩 뽐내며 상대를 압도하려 드는 것이다. 아이들이 싸움질을 할 때나 수탉끼리 한판 붙을 때, 어깻죽지를 추켜올리거나 들썩거려 위압을 가하는 것과 다르지 않다.

숫기라는 것이지. 어느 동물도 꼬마라고 절대로 큰 놈에게 호락호락 당하고 있지만은 않는다. 아무튼 복어는 배가 큰 것이 특징이고, 서양 사람들도 보는 눈이 우리와 다르지 않아서 복어(puffer)를 'swellfish'라거나 'blowfish'라 부르니 둘 다 '배불뚝이'란 뜻이다.

복어는 주로 바다나 바닷물과 민물이 섞이는 반 짠물인 기수에 살지만, 그 중에서 유일하게 민물(강)에도 올라오는 놈이 있으니 바로 이야기의 주인공 황복이다. 우리나라에 사는 복만도 황복, 까치복, 자주복, 매리복, 가시복 등 25종이나 된다고 한다. 그 중에서 아주 잘생긴 놈은 뭐니 뭐니 해도 노란 지느러미에다 희고 검은색 띠를 고르게 가진 멋쟁이 까치복이고, 보기 좋은 떡이 맛도 좋다고 고기 맛도 일품이며, 주로 우리들이 해장으로 먹는 놈도 그것이다. 그런데 그 명품인 까치복을 저리 가라는 놈이 있으니 바로 황복이다. 천하일품 황복 맛을 언제 한번 보고 죽는담. 황복을 옛날 사람들이 바다의 돼지, 즉 하돈(河豚)이라 불렀다고 한다. 허나, 못 먹어보아 그저 짐작할 뿐이니 무척이나 아쉽다. 그러나 감정선갈(甘井先渴), 직목선벌(直木先伐)이라고, 물 맛 좋은 샘이 먼저 마르고 곧은 나무 제일 먼저 잘려나니, 너무 맛나는 황복은 이래저래 위험천만이다.

<조선일보>(2003년 8월 8일자)의 「여름아침, 입에 문 얼음 한 조각」이란 글에 복어가 나온다.

······내가 산음 땅에서 서울로 와, 산여 박남수와 더불어 술을 마시는데 안주로 복어를 삶았다〔팽하돈(烹河豚)〕. 객이 말했다. "복사꽃이 하마 졌으니, 복어를 먹는 것은 조심하는 게 좋아!" 산여가 술 한 사발을 다 마시고 말했다. "그만두게! 선비가 절개를 지켜 죽을 수밖에 없

을 바에야 차라리 복어를 먹고 죽는 게 낫지, 데면데면 못나게 사는 것보다야 낫지 않겠는가?" 내가 이제 와 그 말을 생각하니, 농담인 듯 심히 이치가 있으니, 슬프도다.

조선시대 정조의 문체반정 운동에 동참했던 남공철(南工轍)의 글이다. 그 시절에도 복어를 먹기는 한 모양이고, 복어가 생명을 앗아간다는 것도 알고 있었다. 그런데 복숭아꽃이 이미 졌으니 복어 먹기를 조심하라는 뜻은 무엇일까? 그때면 잔뜩 복어가 알을 품고 있을 뿐더러 곧 낳을 준비를 할 때다. 역시 복어 알에 맹독이 있음을 알고 있었군! 그때나 지금이나 사람 살기 매한가지고, 생각도 별 다름없어라.

앞에서 술국으로 복을 먹고 있지 않는가. 복 하면 술꾼들이 맥을 못 춘다. 특히 늦가을에서 봄에 걸쳐 그 맛이 최고다. 아마도 소량의 독성분이 육(肉)살에 은은히 배어 있어 그럴 것이라는 게 정설이다. 이렇게 독도 적량이면 몸에 좋고 아릿한 맛도 난다. 아무튼 멋쟁이에다 맛깔까지 나는 황복에 독이 들었다는 것은 너무나 당연한 일 아닌가. 아무렴 그렇고말고. 가인박명(佳人薄命)이요, 장미에 가시 있고, 미녀의 미소 속에 날 선 도끼가 든 이치와 하나도 다를 바 없도다. 하여 필자는 범인후명(凡人厚命)이라는 생각에 경도(傾度)되어 살아간다. 개똥밭에 굴러도 이승이 좋다! 어쨌거나 술꾼은 마냥 복집을 찾는다. 콩나물에 풋미나리를 듬뿍 넣고, 무를 듬성듬성 썰어 넣어 김을 돌린 다음, 마늘을 그득 풀어 푹 끓인 복국 한 사발이면 속 쓰림이 감쪽같이 사라진다. 희뿌연 국물, 복어 지리가 그립다. 그러나 복은 그 값이 가당치 않아서 우리 같은 보통사람은 자주 그 맛을 보지 못한다. 화중병(畵中餠), 그림 속의 떡이로다.

그런데 얼마 전에 KBS의 <6시 내 고향>인가 하는 프로에 황복이 소개되었다. 11년간 겪은 수많은 시행착오 끝에 충북 영동의 어느 곳에서 인공사육에 성공했다는 것이다. 회 한 접시 15만 원! 큰돈을 거머쥐신 사육인의 부인도 덩달아 좋아한다! 11년간 겪은 수많은 실수와 실망에 대한 결실이다. 피의 대가란 말이 옳다. 사료 개발과 염도 조절이 그렇게 어려웠던 것이다. 그런데, 듣다 보니 사육한 황복엔 독이 없다고 하지 않는가. 깜짝 놀라 귓바퀴를 늘려서 들어도 그렇다 한다. 그러면 어째서 그럴까? 문헌을 찾아보니, 복어는 물론이고 털골뱅이, 부채게, 불가사리의 독인 테트로도톡신(tetrodotoxin)은 그 뿌리가 세균에 있었다. 바다에 사는 *Vibrio* sp., *Alteromonas* sp. 등이 원인균이다. 직접 그런 세균을 먹는다기보다는, 먹이인 갯지렁이나 불가사리에 묻어 들어온다. 세균도 먹이사슬을 타고 여행을 하니까. 결론이다. 사료에는 그 세균이 없으니, 가두리에서 인조 물〔水〕에다 인공사료를 먹은 그 황복은 독이 없다.

아무튼 복어의 내장에, 특히 알이나 피에 테트로도톡신이라는 맹독 물질이 들었고, 복 한 마리에 든 양으로 쥐 수천 마리를 죽일 수 있다니 가공할 물질이 아닐 수 없다. 조금만 먹어도 혀끝이 얼얼해지고, 사지는 물론이고 전신을 움직이지 못하며, 호흡곤란까지 일어나는데, 심하면 생명을 앗기고 만다. 복이 사람을 잡는다는 말이다. 그래서 복집에서는 복 내장을 말끔히 들어내고 원심분리기(세탁기)에 집어넣어 세차게 돌려서 체액(피) 뽑아내는 일을 잊지 않는다. 아무튼 "복어 알 먹고 놀란 사람 청어 알도 안 먹는다."는 말이 맞다. 자라에 손가락을 물려본 사람 중 솥뚜껑 보고 안 놀랄 사람 있으면 퍼뜩 나와 봐라.

그런데 이이제이(以夷制夷), 오랑캐를 시켜 오랑캐를 누른다고, 이독제독(以毒制毒), 독으로 독을 누를 수가 있다. 복어 독으로 치료제를 만든다는 말이다. 부산 경성대학 김동수 교수가 복어의 간이나 알에서 테트로도톡신 성분만 추출하여 캡슐로 만드는 기술을 개발하였다한다. 이 독은 근육을 이완시키는 작용이 있어서 주름 제거제로 쓰이는 '보톡스' 대용으로 쓸 수 있고, 말기 암환자 진통제, 야뇨증 치료제, 국소 마취제로도 쓸 수 있다고 한다. 현재 우리는 외국에서 테트로도톡신을 수입해서 쓰는데, 수입가가 10밀리그램에 400만 원 정도라고한다. 독도 이렇게 잘 쓰면 약이 된다!

복어는 다른 고기에 비해서 껍질이 두껍고 질겨 박제(剝製)로 쓰기에 안성맞춤이다. 그래서 일본음식점에 들어가면 여기저기 구석에서 복쟁이가 우리를 반기지 않던가. 누가 뭐라 해도 물고기 잘 먹는 귀신은 일본 사람들이다. 복어를 '푸구(fugu)'라 하여 무척 즐겨 먹는다. 일 년 평균하여 한 사람이 물고기를 얼추 내 몸무게에 해당하는 70킬로그램을 먹는다고 하는데, 우리도 그들에 뒤질세라 50킬로그램 정도 소비한다고 하니, 인간이 물고기에겐 귀신으로 비칠 수밖에 없다. 그들은 섬나라 사람이고 우리는 반도인(半島人)이라 생각하면 그쪽이 더 많이 먹는 것은 당연하다. 그런가 하면 고깃집에서 쇠고기나 돼지고기를 한꺼번에 많이 먹는 것을 보면, 우리가 기마(騎馬)족인 몽고족의 피를 가졌다는 것도 속일 길이 없다. 우리의 육량(肉量)에 일본 사람들은 혀를 내두르고 어이없어한다. 우리는 물고기도 잘 먹고 육고기도 많이 먹는 특이한 체질과 식성을 가졌구나. 일본 사람들은 하루종일 조금씩 나눠 먹는데, 우리는 빵빵한 복어 배가 되어야 일어나지 않는가. 그것도 단시간에 배가 터지게 먹는다. 먹는 양도 그렇지만 먹는 데 걸리는 시간도 민족에 따라 다르다. 프랑스 사람들은 노략질하듯 먹으며 시간을 질질 끈다. 한두 시간에 걸쳐 먹는 것이 예사라는데, 건너편 영국 사람들은 후닥닥 우리처럼 번갯불에 콩 구워먹듯 한다.

이야기를 딴 데로 돌려서, "복어 이 갈듯 한다."는 말이 있다. 원한에 맺혀 이를 부득부득 가는 사람을 놓고 하는 말이다. 실은 복이 부드득 이를 갈지는 않는다. 목 쪽에서 이상한 소리를 내는 건데 그것을 놓고 한 말이다. 물론 성대가 따로 있어 내는 소리도 아니다. 그리고 옛날엔 어부들이 복어를 함부로 다룬 모양이다. 하여 "난장 복어 치듯 한다."는 말이 생겨난 것이리라. 여기서 난장이란 정해진 날에서는 시골장을 말하는데, 그날은 아무래도 여러 사람들이 뒤죽박죽, 뒤숭숭 섞여 모여 떠들썩하니 말 그대로 난장판이고 그 난장 바닥엔 복어가 나뒹굴게 된다. 왜 옛 사람들이 복어를 천대했단 말인가. 아마도 그 먼 옛날엔 피를 뽑아 먹는 법을 몰랐던 듯. 그래서 내버리는 하찮은 잡어(雜魚) 내지는 재수 없는 녀석 정도로 취급한 것이 아닌가 싶다. 거저 줘도 눈도 안 돌리던 '바닷돼지'가 지금은 부르는 게 값인 귀물(貴物)로 대접 받는데……. 사람이나 물고기나 다 시를 잘 타고나야 하고 때를 잘 만나야 한다?

황복은 봄철(4~5월 경)에 바다에서 강으로 거슬러 올라와 여울의 자갈 바닥에다 알을 낳는다(알 몇 개를 낳고, 며칠 뒤에 부화하는가 하는 생태에 관해서는 전연 밝혀지지 않음). 부화한 새끼는 1센티미터 정도. 아주, 이 천진스런 꼬마 녀석 보라! 아니, 이런 맹랑한 녀석이 있나? 어리지만 어미 본능을 그대로 물려받아 손톱만 한 놈이 기분이 거슬리면 벌써 배때기를 통통 불려 티를 낸다니, 참으로 내림(유전)이란 속일 수가 없다. 얼마나 무서운 일인지 모를 일이다. 자라면서 먹이가 지천으로 있는 바다로 향한다. 복어는 육식성이라 물에 사는 곤충(수서곤충)은 물론이고 민물새우나 작은 물고기도 그놈들의 먹잇감이다. 한마디로 황복은 유일하게 민물에 알을 낳는 복쟁이다. 뱀장어가 바다에 산란을 하고, 연어가 제 태생지인 강에 올라와서 알을 낳듯이, 황복도 같은 귀소본능(歸巢本能)을 발휘한다. 물고기가 짠물과 민물을 바꿔 오르내리는 일은 생리학적으로 엄청나게 위험한 일임을 독자들은 잘 알고 있다. 온탕과 냉탕을 넘나드는 것은 비유도 되지 않는다. 그런 생명의 위험을 무릅쓰고 산란장을 찾아 이동하는 것을 우리는 어떻게 해석해야 할지. 보통 물고기는 제가 살던 곳에서 자라고 커서 알을 낳고 거기서 죽어버리는데 말이지. 수구초심(首邱初心)은 여우도 사람도 같으매.

황복의 등은 황갈색이나 회갈색이고, 배 바닥은 은백색이며, 옆구리 가운데에 기다랗고 노란 띠가 머리에서 꼬리까지 나 있다. 그런데 그 배 부위가 얼마나 희뿌옇고 은은하며 부드럽기에 물고기 배때기를 서시(西施)의 젖가슴으로 비유한단 말인가. 과장법이 뛰어난 중국 사람들이 그랬을 것으로, 황복은 전신이 말 그대로 총 천연색이다! 황복은 서해에 주로 살아서 중국은 양자강이나 황하에 올라가 알을 낳고, 우리나라는 서해로 입을 여는 대동강, 한강, 임진강, 영산강 등지로 올라온다. 그 중에서 다른 모든 강은 댐을 만들어버려 올라오긴 다 틀렸고, 단지 임진강 등 몇 군데만 소강(溯江)이 가능하다고 한다. 한강도 썩어 황복의 그림자도 찾아볼 수가 없었으나 끈질긴 이것들이 죽지 않고 살아남아서인지 요 근래 한강 어귀에서 더러 잡힌다 한다. 얼마나 기쁜 소식인가! 어딘가에서도 말했지만, 소 돼지 몇 마리 키우느라 강은 온통 똥물이 되어버렸고 또 공장을 곳곳에 세워 강을 모두 버려버렸다. 애통한 일이다. 절대로 트집 잡자고 하는 소리가 아니다. 터놓고, 맞아 죽을 소리지만 우리같이 좁은 나라에서 소 돼지 몇 마리를 키우는 것은 외람된 일이요 모순 덩어리다. 결국은 강을 모두 죽이는 일이니, 제발 다 걷어치우고 쇠고기는 외국에서 사다 먹었으면 좋겠다. 한 번의 패착(敗着)은 용서받는다. 영단(英斷)을 내리자꾸나. 한우(韓牛), 한우 하지 말고 말이다. 마음을 열면 우주를 덮을 수 있고, 마음을 닫으면 바늘 끝만큼 좁아진다고. 부디 뜨악지 말고 마음을 열자. 억지는 꼼수와 통한다. 고기 몇 점과 생명수인 맑은 물 중에서 어느 것을 우리는 택해야 한단 말인가. 다 사다 먹으면서 왜 쇠고기나 돼지고기는 사다 먹으면 안 되는 것일까(지금도 수입을 하지만). 아마도 호주나 뉴질랜드 등지를 여행해본 사람은 내 주장에 적극 동의할 것이다. 주마간산(走馬看山) 격으로 보는데도 그렇다. 그 광활한 들판에 즐비하게 널린 소나 양을 보면 말문이 막히면서 절로 그런 생각이 든다. 우리는 비싼 사료를 사다 먹이는데 거기서는 들판에 마냥 자라는 풀을 뜯기지 않는가. 이 목장의 풀을 다 뜯어먹었다 싶으면 그 옆자리로 옮겨가면서. 여행은 사색을 동반하고, 경험과 지식을 쌓게 하고, 하여 용기를 얻는다고 한다. 우물쭈물하다가 더 늦으면 뼈저리게 후회할 것이다. 엎질러진 물이 되기 전에……. 안면몰수하고 한마디 떼었는데, 필자도 가난한 농부의 아들임을 간과하지는 말 것이다.

그건 그렇고, 황복의 입은 둥글며 입술이 발달해 있다. 허 참, 입술이 있는 물고기도 있었다! 위턱과 아래턱에 각각 두 개씩 납작한 이가 있다. 물론 눈은 아주 작고, 감각을 맡는 옆줄(측선)은 특별히 두

줄로, 윗것은 옆구리에서 꼬리지느러미로, 아랫것은 배 쪽으로 이어져 있다. 가슴지느러미는 아가미 뒤에 보통 물고기처럼 제자리에 붙어 있으나 등지느러미와 뒷지느러미는 꼬리 쪽으로 아주 치우쳐 있으며, 꼬리지느러미는 수직으로 서 있다. 다른 물고기도 매한가지지만 등지느러미와 뒷지느러미를 움직여 전진을 하고 꼬리지느러미로는 방향을 잡고, 가슴지느러미로는 평형을 유지한다.

황복이 살 만한 세상이라야 우리도 사는 재미가 난다. 느닷없이 쏟아대는 궤변이 아니다. 여러 오염물질이 강으로 줄줄 새들어 강심(江心)이 메말라 들면 황복도 알 낳을 자리를 잃고야 만다. 불조심도 그렇지만 자나 깨나 물 조심을 해야 할 판이다. 뜻밖에도 한강에 황복이 노닌다고 하니 우리 한강도 싱그러운 자정(自淨) 능력을 되찾았다는 증거가 아니겠는가. 최근에는 사라졌다고 믿었던 철갑상어가 한강에 다시 돌아왔다는 기사를 읽었다. 과연 당신들은 어느 구석에서 그 질긴 목숨을 부지하고 있다가 다시 나타났는가. 오매불망, 학수고대한 보람이 있었구나. 끈질긴 생명이 아닐 수 없다. 기적 같은 일이로다! 반갑다, 황복아, 철갑상어야. 환영한다. 우리만큼 깔축없고 억척스럽고 영명한 민족도 없다. 한다면 해내고야 마는 우리가 아닌가. 시행착오는 누구나 겪는 것이니, 지난 잘못은 모두 묻어두기로 하자. 다 죽어가는 강에 생명을 불어넣자는 말이다.

우리나라에 서식하는 사향노루, 반달가슴곰, 한란 등 500여 종(전체의 1.67퍼센트)이 멸종위기 보호야생종으로 지정되어 있다. 여태까지는 194종만을 멸종위기종, 보호종으로 나눠 다루어왔으나 이제는 '멸종위기 보호야생종'으로 일원화했다 한다. 아무튼 우리도 늦었지만 새로 눈을 뜨고, 그들을 살려내야 한다는 의식 변화가 있다는 것, 그

것만으로도 상쾌하고 신선한 느낌이 들어 좋다. 강 건너 불이 아니다. 어찌 이게 남의 일이겠는가. 좀 더뎌도 좋다. 영국의 템스 강이 그랬듯이 우리도 한강의 맑음을 기어코 되찾아야 한다. 꿈꾸지 않는 자는 아무것도 이루지 못한다. 어디 한강뿐이겠는가. 우리의 금수강산을 고스란히 제대로 후손에게 물려줘야 한다. 그래야 '고얀 선조'라는 손가락질, 주먹질, 발길질을 받지 않을 것이다. 새로운 각오로 빠진 얼을 되집어 넣어야 한다. 내 말에 또 씨알머리 없이 웃고 넘어갈 것인가. 또다시 소이부답(笑而不答) 할 작정인가.

예나 지금이나 사람 인심이 고약하여 곧은 나무는 냉큼 잘라 버리니 온통 구부러진 나무만 산을 지킨다. 그래도 그 굽은 나무가 선산을 지키고 병신자식이 효자 노릇을 해 왔으니 망정이지. 어디 용마루(집의 척추)만으로 집이 되는가. 서까래도 있어야 하는 것. 여부가 있을라고. 사람도 다르지 않다. 어디 한 놈 잘났다 싶으면 물어뜯고 할퀴고, 물귀신까지 나타나 뒷다리 걸어서 넘어뜨리고 만다. 상처투성이, 만신창이가 되고 만다.

쏘가리도 같은 운명, 같은 배를 탔도다. 치졸한 인간들이 쏘가리 하면 침을 삼키며 눈에 쌍심지를 켜고 잡아먹으려 드니 별수 없이 씨가 마른다. 큰 호수가 몇 개 있었기에 망정이지 얕은 강만 있어, 강바닥이 말라버렸더라면 쏘가리 코빼기도 못 볼 뻔했다. 그런 점에선 호수가 빵빵하게 한몫을 한 셈이다. 그렇다고 여기저기 온통 댐을 만들어 나라를 물바다로 만들려는 몽매한 이들의 무지에 동의한다는 뜻이 아니다. 요새 와선 지리산을 통째로 물에 담그려 든단다. 그 산의 정기를 타고났다고 우겨대는 필자가 두 눈 벌겋게 뜨고 아직 살아 있는데도 말이다. 아무튼 난형난제(難兄難弟)다. 개발과 보존의 틈바구니에서 지리산이 벌벌 떨고 있으니. 개발은 좋으나 남발을 하기에 기를 쓰고 덤벼드는 것이다. 개발론자는 보호론자들의 주장에 못 들은 척 내쳐 귀를 막는다. 이제는 제발 소모적인 논쟁일랑 때려치워라. 물을 아껴 쓰자는 데는 아랑곳없고 물길 막는 데만 마냥 정신을 쏟는다. 장래가 암담하여서 기가 찬다. 절수운동(節水運動)부터 벌여야 할 것이다. 아직도 물 귀한 줄 모르는 우리가 아닌가. 나라마다 물싸움을 하고 있는 이 판에 말이다.

사실 보통 사람이 보면 쏘가리와 꺽지 모두 눈에 설다. 너무 닮아서 둘을 같은 과에다 넣어 분류할 만큼 피가 유사한 사촌으로 보면 틀림이 없다. 날렵한 몸매하며 아름다운 무늬, 검누런 빛깔에다, 때깔 좋고 맵시 나지, 게다가 고기 맛도 일품이라 사람들이 그저 눈독을 들인다. 쏘가리는 위턱에 비해서 아래턱이 좀 길고 옆줄 또한 뚜렷하다. 우리나라 꺽짓과 고기에는 쏘가리와 꺽지 그리고 꺽저기 세 종이 있을 뿐이다. 피 묻은 생살, 횟감은 물론이고 고춧가루 범벅인 매운탕 또한 감칠맛이 뛰어나니 탐식의 과녁이 된다. 입가에 고추장 묻혀 가면서 질겅질겅 생고기 씹는 모습에 야만성이 묻어 있지만 내려온 유전질을 어쩌겠나. 욕은 못 한다. 내가 하면 오락이요 남이 하면 도박이라고, 제 잘난 맛으로 사는 세상이니. 호시탐탐(虎視耽耽), 먹새 좋은 인간들이 어찌 이런 품격 있고 미려(美麗)한 물고기를 그냥 두겠는가. 하기는 우리 같은 천민은 하도 비싸 맛볼 엄두도 내질 못하지만.

쏘가리를 좋아하기는 배가 고팠던 옛 사람들이 더했던 모양이다. 그러나 그 옛날엔 사람 입〔인구〕이 얼마 되지 않아, 강은 물 반 고기 반이었을 터이니, 해거름 녘에 몽둥이 하나만 들고 나가면 잠깐 동안에 너끈히 한 짐 잡아왔을 터. 요샛말로 거저먹기요 땅 짚고 헤엄치기다. 아무튼 쏘가리 큰 놈은 50센티미터가 넘는다고 하나, 지금이야 보이는 족족 강과 호수에 올되거나 성긴 그물을 거미줄처럼 펼쳐놓으니 녀석들이 그렇게 클 틈이 없다. 무지하고 오만에 찌든 인간들의 심술에 어디 하나 남아나는 것이 있던가.

옛날에도 쏘가리와 잉어가 가장 사랑을 받았으니, 그래서 선인들의 시구(詩句)와 그림에 가장 빈번히 등장한다. 그리고 '쏘가리'란 말은 전국적으로 가장 흔하게 쓰였던 말이라 우리말 이름, 국명(國名)으로 정해 그대로 쓴다. 다르게 불러서 몸 색깔이 아름답다고 금린어(錦鱗魚), 소가리(所加里)(이것이 쏘가리의 본명일 터인데, 그 내력을 알 수가 없으니……), 궐어(鱖魚) 등 여러 말이 있다. 『우리말 어원사전』이라는 책에도 어원 미상으로 적혀 있을 뿐.

여기에 재미나는 이야기가 하나 있다. 임금이 사는 곳을 대궐(大闕)이라 하고, 쏘가리를 말하는 '궐어'와 대궐의 '궐'자는 한자로는 다르지만 발음이 같다. 하여 쏘가리 그림을 그려도 반드시 한 마리를 그렸고, 두 마리를 그리면 모반죄(謀反罪)로 죽임을 당했다고 한다(임금은 언제나 한 사람이라서). 아따, 무서운 세상이다! 모반이란 말만 나와도 목이 댕강 날아가는 세상이 아니었던가. 난공불락(難攻不落), 요새도 그렇지만, 어디라고 그 시절에 쿠데타를 일으킨단 말인가. 제가 목이 둘이 아니고서야…….

쏘가리는 꺽지와 함께 육식하는 어종이다. 특히 등지느러미 가시는 바늘 못지않게 끝이 뾰족하고 예리하여 맨손으로 잡기에는 두려움이 앞선다. 그래서 창끝에 찔려 나온다. 성질이 몹시 표독한 사람을 비유하여 "성미가 쏘가리 같다."고 하는 것만 봐도 가까이 하기 어려운 물고기임에 틀림없다. 등 가시는 12~13개며 얇은 막으로 연결되어 있다. 보통 때는 누워 있으나 자극을 받아 성이 나면 반사적으로 버쩍 선다. 도마 위에 올랐으면서도 그 기질은 꺾이지 않아서 사람 손이 몸에 살짝만 닿아도 바늘을 벌떡 세운다. 그리고 역시 고기를 먹는지라 턱의 이빨도 송곳 같고, 턱 힘도 세고, 날쌔기가 짝이 없다. 돌 옆에 옆배를 가만히 붙이고 있다가도 쏜살같이 휙 내뺀다. 산란기 무렵 근처에 다른 놈이 접근하면 숫돌에 낫 갈듯 옆구리를 바위에다 쓱쓱 문지르면서 잔뜩 겁을 준다. 고기나 짐승이나 사람 할 것 없이 풀 먹는 것들은 굼뜨고 온순하나 고기를 먹는 녀석들은 하나같이 거칠고 포악하다.

어쨌거나 쏘가리는 물이 깊고 맑으며, 흐름이 빠른 바위가 많은 곳에 산다. 꺽지 놈도 바위틈에 숨거나 돌 밑에 들기를 좋아하기에 우리가 어릴 때는 돌 밑을 더듬이질해서 잡기도 했다. 쏘가리는 하도 드물어서 손으로 잡는 것은 엄두도 못 냈지만 말이다. 쏘가리는 새우나 수생(서) 곤충을 잡아먹기도 하지만 '강의 제왕'이라 다른 물고기 모두가 이놈들의 밥이 된다. 강물의 먹이사슬(연쇄, food chain)에서 맨 끝에, 그리고 먹이 피라미드에서는 가장 높은 자리에 올라 있다. 쏘가리는 5월에서 7월초에 걸쳐 산란을 한다. 이때는 얕은 곳으로 나온다. 무릎 정도 차는 여울의 물가로 나와서 자갈 바닥에다, 그것도 밤에 알을 낳는다. 대부분 물고기는 밤에 잠을 자므로 이때가 알 낳기에 가장 좋은 시간이다. 아마도 사람도 낮보다는 주로 밤에 아이를 낳지 않는가 싶은데 어디 그런 통계가 없을까. 부화된 치어는 빠르게 성장하여 2년 후면 25센티미터 넘게 자라 성적 성숙이 이뤄져서 다시 산란을 하게 된다.

내가 아는 한 사람은 쏘가리 낚시에 도사다. 다른 고기는 눈에 차지 않는 것은 물론이고, 쏘가리에만 신경을 쓰다 보니 그놈들의 생태를 꿰고 있어서 낚싯대를 넣었다 하면 팔뚝만 한 것을 들어올린다. 그 양반은 소위 말해서 쏘가리 귀신이고 도둑이다. 밤을 꼴딱 새우면서 물고기 입질에 정신을 다 빼앗기는 그 설렘을 모르는 나, 그런 내가 민망스럽게도 물고기 이야기를 하고 있다. 선사도 도둑굴에서 삼 년을 나면 도둑이 되고 만다 하고, 당구삼년(堂狗三年) 폐풍월(吠風月)이라고 서당 개 삼 년에 풍월을 읊는다니, 제가 처한 환경이란 참 무서운 것이다. 아무튼 이런 식으로 몇 마리씩 잡는 것은 문제가 되지 않는다. 강을 가로지르고 호수에서도 다닐 만한 곳이라면 온통 그물을 쳐서 마구잡이로 샅샅이 훑어버리는 것이 문제다. 하긴 쏘가리를 잡아주면 기뻐할 물고기들이 많다. 쏘가리의 피식자(被食者)들, 힘없는 물고기들 말이다. 호가호위(狐假虎威), 쏘가리 없는 골에 꺽지가 쏘가리 행세를 하겠구나.

그건 그렇다 치고, 우리나라 어류학의 대부(代父)이신 정문기 선생님이 공교롭게도 황(黃)쏘가리를 쏘가리와 다른 종으로 분류해 놓았다. 근래 와서는 쏘가리를 인공부화 시키고 또 사육이 가능해져서 발생 등 새로운 특성이 많이 밝혀졌다. 커다란 수조에 여러 마리를 키우면서 각종 실험을 한다. 쏘가리와 황쏘가리는 같은 종이고, 검은

색소를 만드는 유전자 돌연변이(突然變異)로 쏘가리의 까무잡잡한 바탕색이 누르스름하게 변해서 황쏘가리가 생겨난 것임을 확인해낸다. 이런 실험도 있다. 쏘가리와 황쏘가리를 인공교배 시켰더니 정상적인 새끼가 태어나더란다. 이것이 이 두 물고기가 같은 종이라는 것을 반증하는 것이다. 행여 딴 종이라면 태어난 새끼가 비정상이거나 새끼를 치지 못한다. 쏘가리 말고도 황금색 송어, 미꾸리, 메기 등에서 흔히 출현한다고 하니 색소 결핍이 일어난 금붕어나 비단잉어는 그 값이 천정부지로 치솟는다. 석돌(푸석돌)도 귀하면 그것이 보석이다. 천재일우(千載一遇), 여간해서 만나기 어려운 기회를 만났구려!

사람 몸 곳곳에서 시도 때도 없이 돌연변이가 일어나니, 암(癌)이 그 예이고, 몸에 색소가 생기지 않는 백화증(白化症) 또한 그렇다. 언젠가 어느 신문에 보니 온몸(머리는 물론이고)에 털이 전연 나지 않는 무모증(無毛症)인 사람이 있었는데, 그 사람이 시인(詩人)이 되었다면서 시를 소개하고 있었다. 얼마나 처연한 글을 쓰고 있을까? 아니다, 무한히 감사하는 피맺힌 글일 것이다. 기한발도심(飢寒發道心)이 아니던가. 춥고 배가 고파야 도 닦을 마음이 생긴다. 처절한 아픔에서 평안을 만나는 그런 시였을 것이다. 아무튼 암은 일종의 돌연변이라서 암과 돌연변이는 불이(不二)의 관계를 갖는다. 심신불이(心身不二), 병은 마음에 있다! 헌데, 백사(白蛇)란 도대체 무엇인가. 색소가 생기지 못한 비정상 뱀이 아닌가. 돌연히 색소를 만드는 유전인자가 사라지고 만다. 그래서 효소를 형성하지 못하고 따라서 색소를 만들지 못하게 된 놈이다. 하여, 색소 결핍증에 걸린 황쏘가리가 쏘가리보다 정력에 좋을 리가 만무하다. 그리고 거의 모두가 돌연변이로 생긴 생물들은 생존력(경쟁력)이 약한 것도 하나의 특징이다. 썩 드문 일이지만 경우에 따라서는 돌연변이종이 더 강하고 번식력도 좋은 수가 있으니, 이리하여 새로운 종이 생성되고 생물이 진화하고 변화하는 것이다. 한마디로 진화란 종이 변하는 것을 말하니 신종(新種) 출현이 필수적이다. 즉, 돌연변이는 생물의 진화를 결정 짓는다는 뜻이다. 하여튼 황쏘가리는 단지 쏘가리의 돌연변이종일 뿐이다. 아마도 신종으로 나가지 못하는, 우성이 아닌 열성일 것이다. 지금 이 순간에도 유유히 흐르는 강물에는 황쏘가리와 쏘가리가 정답게 노닐고 있을 것이다.

꺽짓과에는 쏘가리, 꺽저기, 꺽지 세 종이 있다고
했다. 쏘가리는 우리가 이미 훑어봤고, 꺽저기가 어
떤 물고기인지 어디 한번 보자. 꺽지만 본 사람은
꺽저기를 보면 꺽지라 답할 것이고, 꺽저기만 봐온
사람은 분명 꺽지를 꺽저기라 할 것이다. 하기야 이
름까지 비슷하지 않은가, 꺽저기, 꺽지! 서로 많이
닮았다는 말이다.

그런데 불행하게도 이 꺽저기 녀석은(도) 지리멸
렬(支離滅裂), 우리나라에 터를 잃고 저승으로 날아
가버린, 절멸(絕滅)된 종이 되고 말았다. 원래는 저
남쪽 낙동강 지류인 내 고향 진주를 비롯하여 밀양,
경산, 안동 등지에서 채집되던 것으로 기록에 남아
있으나 지금은 산 놈은 잡을 수가 없다 한다. 하니
이보다 더 가슴 아픈 일이 어디 또 있겠는가. 애잔

하고 비통타. 「슬픔의 강」이란 제목으로 뼈저린 시 한 수가 나올 만도 하다. 그런데, 일본 남부에는 이놈들이 생생 살아 숨쉬고 있다니, 유구무언(有口無言), 입이 있어도 할 말이 없도다. 다 같이 신생대 중기에서 말기 사이에 중국에서 생겨나 우리나라와 일본에 같이 분포했었는데(한때는 일본과 우리나라가 붙어 있었음) 지금은 일본에만 살고 있다는 것이 아닌가. 일본 사람들이 자연을 금지옥엽(金枝玉葉)으로 다루는 것을 현지에서도 목도한다. 사랑이 우리보다 한 수 높다는 증거다. 한 수 높은 것이 아니다. 우리가 그들을 따라붙으려면 아직도 한참 멀었다는 것을 이 물고기가 보여주고 있다. 창피하고 부끄럽기 짝이 없다. 요원(遼遠)하다는 말이 딱 들어맞는다. 왜 이런 경종을 재빨리 알아차리지 못하는 것일까. 눈앞에서 멀쩡하게 노닐던 물고기가 사라지고 말았는데도 아랑곳 않는 배짱 좋은 무리가 바로 우리로다. 생물 하나라도 소홀히 대했다간 언젠가는 대죄를 면치 못할 것이다.

이제는 힘세고 목숨 질긴 꺽지 녀석을 보자구나. 아무리 세월과 강물이 속이고 괴롭혀도 굳세게 살아남은 우리 꺽지! 서유구의 『전어지(佃漁志)』에는 "꺽저위〔斤過木皮魚〕는 생긴 모양이 붕어와 비슷하고 검은색이다. 입은 넓고 비늘이 잘며, 꼬리지느러미는 갈라져 있지 않다. 등에서 꼬리에 이르기까지 긴 지느러미가 있는데 매우 거칠다. 돌밑을 매우 빠르게 드나든다. 큰 것은 8, 9치(240~270밀리미터)나 되며 어린 물고기나 새우를 잡아먹는다."고 씌어 있다. 『우리 물고기 백가지』에서 옮겨 썼다. 여기서 고인이 되신, 이 책의 저자 최기철 선생님은 나의 은사님이시다. "사람은 죽어도 책은 남는다." 하더니만, 책의 구절구절에서 숨소리가 들려오는 듯하다. 평소에 자주 찾아뵙지 못

한 것이 마냥 한스럽기만 하다. 선생님 이야기는 여기서 접고, 근과목
피어(斤過木皮魚)는 '도끼날 자국이 난 나무껍질 닮은 물고기'란 뜻이
다. 꺽지는 아무리 봐도 매우 날씬한 몸매의 소유자다. 미끈하게 생겼
다고 해도 좋을 듯. 내 눈에 비치는 제일 멋들어진 것이 아가미뚜껑
위 끝자리에 묻은 똥그란 점이다. 언제나 영롱한 그 점이 내 눈을 끈
다. 그것이 다 이유가 있는 것이리라. 내 눈만이 아니라 다른 물고기
의 눈에도 그럴 것이라는 것. 바로 그것이 눈〔眼〕 꼴을 하고 있어서
다른 물고기들이 지레 겁을 먹는 것이다. 여러 물고기가 그렇지만 나
비나 나방의 날개에도 눈알 무늬가 있어서 다른 것들에게 경계심을
준다.

다시 근과목피어를 보자. 옛 선현들께서 얼마나 반짝반짝 빛나는,
형형(炯炯)한 눈매를 가졌나를 느끼게 한다. 몸바탕에 세로로 깔린 무
늬를 아마도 나무껍질처럼 본 것이요, 뚜렷한 옆줄을 아마도 도끼날
이 지나간 자국으로 보지 않았나 싶다. 예나 지금이나, 서양이나 동양
이나 사람들 보는 눈은 대차가 없다. 아니, 똑같다. 문화의 차이일 뿐
인간의 근본 시각은 시간과 장소에 구애 받지 않으며 다르지 않다.
그리고 구체적으로 서술한 내용 역시 아주 정확하지 않는가. 꺽지의
특징을 고대로 기술하고 있다.

꺽지는 예사로 볼 창조물이 아니다. 이 넓은 세상에서 오직 우리나
라에만 살고 있는, 말해서 특산종이요 고유종이다. 메이드 인 코리아
(made in Korea)란 말이지. 게다가 녀석은 꽤나 적응력이 뛰어나서 전
국 어디에나 살지 않는 곳이 없다. 전국적으로 분포한다는 말이다. 그
래서 필자가 자랐던 낙동강의 최상류에 해당하는, 산천경개(山川景
槪) 수려한 지리산 자락을 흐르는 덕천강(진양호로 흘러감)에도 득실거

려서, 바위틈에 낚시 바늘을 넣어서 낚기도 했고, 수경을 쓰고 들어가 바위벽에 휘어 붙은 팔뚝만 한 놈들을 창으로 쏘아 잡기도 했다. 꺽지는 횟감으로 일품이다. 요동을 쳐도 소용없다. 사정없이 주머니칼로 배를 갈라 내장을 들어내고, 살점을 뭉뚝뭉뚝 잘라서 초장에 찍어 깻잎에 둘둘 말아 꾹꾹 씹어 먹는다. 살이 정갈하고 달큼하다는 표현이 맞다. 비린내가 일절 나지 않고 살이 보드라워 입에 닿는 감촉도 아주 좋다. 쏘가리는 날로 먹어도 비림이 없다.

그것이 다 이유가 있다. 물고기도 초식하는 놈은 먹이인 조류에 나는 냄새가 몸에 배어 비리지만 육식하는 꺽지나 쏘가리는 그 냄새가 덜 난다. 그런가 하면 이런 주장을 하기도 한다. 암모니아의 형제쯤 되는 트리메틸아민(trimethylamine)이 비린내의 성분인데, 이는 질소화합물로 물고기에 든 산화트리메틸아민(trimethlyamine oxide)이 분해되어 생긴다. 흔히 생선 요리를 먹기 전에는 식초나 레몬즙을 뿌리는데, 이는 비린내를 내는 염기 성분에 산 성분이 반응하여 휘발성이 없는 화합물이 되므로 비린내가 사라지는 것이다. 그래도 비림의 원인을 족집게로 찍어내지 못하니 답답할 뿐. 육식 어류는 어떤 원인으로 트리메틸아민을 덜 만들어내는 것일까?

꺽지 이야길 하면서, 세상을 앞서 떠난 죽마고우 공만석 갑장(甲長) 동무가 생각나는 것은 당연하다 하겠다. 필자는 고기를 잡는다고는 하지만 친구의 솜씨에는 족탈불급(足脫不及). 겨울밤에 초가집 처마에서 참새를 잡고, 밤 천렵도 지음(知音)이 단연 으뜸이다. 콩알에 구멍 내어 청산가리를 집어넣고 초로 봉해 뒷밭에 던져두면 그것을 먹은 장끼 놈이 널브러진다. 모두 다 벗이 잘 해냈다. 나중에는, 듣자니 헤드라이트를 밝혀서 고라니까지 잡았다고 하는 내 동무. 고향 뒷산

양지 바른 곳에 잠든 친구의 묘 터에 올라 고인의 이름을 불러봐도 가타부타 아무런 대답이 없다. "오길이 너도 빨리 오렴, 같이 놀자."란 소리가 바람결에 들려오는 듯하다. 먼저 간 사람이 형이라고 하던가.

글이 좀 엉뚱한 곳으로 빠졌다. 딴 길로 들었을 때 "삼천포로 빠졌다."고 한다. 삼천포 사람들이 그 소리가 얼마나 듣기 싫었으면, 사천과 합쳐 '사천시'란 새 이름을 썼을까. 진주를 중심으로 보면 동으로는 마산·부산으로 가고, 서로는 여수·광주·목포로 가는 것이 보통 길인데, 엉뚱하게 남쪽 바다 쪽으로 가버렸으므로(갈 곳이 아닌데) 그런 말이 나왔던 모양이다. 불난 집에 부채질을 한 꼴이 되었나?

다시 제자리로 돌아와서, 거의 모든 민물고기가 다 그렇지만, 오뉴월이 되면 산란을 한다. 꺽지는 자갈 사이에 알을 떨어뜨린다. 알은 가라앉아서 돌바닥에 달라붙는다〔이런 성질의 알을 침성접착란(沈性接着卵)이라 한다〕. 꺽지 아비도 제 유전자가 묻은 알을 마냥 팽개치지 않고 주변에 남아 제 씨를 보살피고 지킨다. "연탄재 함부로 발로 차지 마라. 너는 누구에게 한 번이라도 '뜨거운 사람'이었느냐." 꺽지 아버지의 뜨거운 사랑을 말한 것이다. 약 2주일 후에 부화하여 떼 지어 다니다가 더 크면 사방팔방으로 제 살 곳을 찾아 떠난다. 여태 서로 돌보며 지내던 한배 새끼들이 갑자기 경쟁자로 변하고, 어미 아비와도 심상치 않은 관계가 된다. 먹이 싸움이다. 형제자매 부모자식이 없다, 그 세계엔. 새우나 수서곤충, 어린 물고기를 먹으면서 자라서 2년 안에 14센티미터에 달하는 성어가 된다.

앞에서 "등에서 꼬리에 이르기까지 긴 지느러미가 있는데 매우 거칠다."라는 글을 읽었다. 꺽지의 멋은 뭐니 뭐니 해도 등지느러미에 있다. 겉으로 보면 등지느러미는 두 부분으로 나뉜다. 대략 앞쪽 반은

가시가 예리하고 짧은데 이 부위를 극조부(棘條部), 뒤의 반은 연조부(軟條部)라 하며 둥그스름하고 가시가 없다. 바로 뒤의 꼬리지느러미가 둥글듯이. 물고기를 전공하는 사람들은 지느러미 또한 중요하게 다룬다. 그것의 모양, 크기에 따라서 물고기를 분류할 수 있기에. 그 말은 지느러미에 그 어류의 삶(진화)이 묻어 있기에 그렇다.

다음은 임꺽정이 꺽지로 화한 이야기를 읽어보자. 고석정은 한탄강의 중류 지점에 위치, 화강암과 현무암으로 이루어진 명승고적지다. 신라 진평왕 (A.D. 598~627) 때 축조된 정자를 비롯하여, 강 중앙에 우뚝 솟은 자연 거석(巨石)인 고석 바위, 주변의 화강암, 현무암 계곡을 총칭하여 고석정이라 부른다. 많은 전설, 유적, 시문이 전해져 내려오는 유서 깊은 곳이다. 조선 명종 때 임거정이라는 문무를 겸비한 천인이 등과(登科)의 길이 없는 것에 불만을 품고 대적(大賊) 모임을 조직하고는 강 건너편에 석성(石城)을 쌓고 조정에 상납되는 공물을 탈취하여 서민에게 분배해주며 의적으로 활동했던 곳이 바로 이곳이다. 임거정은 1562년 철원부사 남치훈의 토벌 작전에 말려 황해도 구월산에 은신 중 체포되어 처형되었다. 임거정이 위기 때마다 꺽지로 변해 강물 속으로 은신했다고 하여 훗날 사람들이 '임꺽정'이라 부르게 되었다고 전해온다.

사람들은 말을 잘도 지어낸다. 그러나 믿지 않을 수 없게 꾸며내니, 임꺽정의 혼이 깃든 꺽지로구나! 그런데, 지금 고석정 살리기로 야단이 났다. '한탄강 댐 건설 반대 운동'이 그것이다. 군민들이 '임꺽정 광장'에 모여서 반대 궐기대회를 열면서 삭발까지 하는 것을 사진과 함께 읽었다. 댐 설치의 호오(好惡)를 거기 고석정 근방에 살고 있는 꺽지들에게 맡기면 어떨까?

그런데 옛날엔 태백산 동쪽에는 꺽지가 살지 않았다고 한다. 실제로 여러 동식물의 분포가 태백산을 중심으로 동서가 많이 다른 것이 사실이다. 그런데 아래와 같은 사연으로 영동의 강에도 꺽지가 살게 되었다고 한다.

1930년대 어느 날 인제 처녀와 혼인을 한 양양의 한 젊은이가 처가에 갔는데, 처갓집에서 마땅히 대접할 것이 없어 강에서 꺽지를 잡아 꺽지 매운탕을 대접하였다. 그 맛에 반해 꺽지 몇 마리를 얻어와 양양의 집 앞 개울에 풀어놓은 것이 양양 남대천과 오색천 등 사방으로 퍼져 살게 되었다고 한다. 이런들 어떠하리 저런들 어떠하리. 사람들이 일부러 꺽지를 옮겨 심은 것은 사실이니까.

　　큰 나무 한 그루로는 숲이 되지 않는다. 창성
(昌盛)한 숲에는 커다란 나무는 물론이고, 애솔에,
작은 나무 · 머루 · 다래 · 칡넝쿨이 나무를 휘감아
오르고, 바닥에 사는 고사리에다 버섯까지 어우러
져 산다. 나무 위에는 산새들이 지저귀고, 청설모와
다람쥐가 그네를 탄다. 흙에는 지렁이와 지네가 들
끓고, 곰팡이와 토양세균이 그득하다. 어찌 홀로 살
수 있단 말인가. 짝도 있어야 하고……. "독불장군
없다."는 말을 되새기게 된다.

　　무슨 제목에 어울리지 않는 시시한 말을 처음부
터 장황하게 늘어놓느냐 생각할 것이다. 옳은 말이
다. 그러나 생물계는 따로 혼자 존재하는 것이 아니
라, 서로 더불어 뒤엉켜 산다는 이야기를 하자고 함
이다. 어려운 말로 공생(共生) · 상생(相生)한다는 의

175

미리라. 사람도 마찬가지가 아닌가. 나라는 한 존재를 중심으로 보면 좋은 일 궂은 일 어느 하나 이어 맺어지지 않은 것이 없다. 바로 우주의 중심에 내가 서 있는 것처럼 보인다. 그러나 실은 인연의 그물에서 단 한 코일 뿐이다.

제목의 내용으로 돌아가서, 어떻게 생물들이 서로 도우면서 공생하는지, 그 예를 물고기 몇 종과 조개 몇몇의 관계를 통해 보고자 한다. 이것은 대자연계에서 일어나는 극히 적은 한구석임을, 역시 얼기설기 엮인 그물의 외코임을 밝혀두면서.

우리나라 강에(도) 물고기와 조개(껍질이 두 장인 조가비)가 살고 있다. 어처구니없는 일이 여기에도 있다. 놀라 자빠질 일이다! 물고기 중에는 조개가 없으면 살지 못하는 것이 있다! 크게 말해서 납줄갱이 무리 12종(각시붕어, 흰줄납줄개, 달납줄개, 납줄갱이 등등)과 중고기 무리 2종(중고기, 참중고기)이 그들이다. 이 물고기는 알을 조개 몸속에다 낳기 때문에 조개 없이는 살지 못한다. 이 나라 강물에 사는 물고기 150여 종 중에서 14종이 그렇다면 전체의 근 10퍼센트에 해당하지 않는가. 강이 오염되거나 강바닥을 빡빡 긁어버리면 어류만 다치는 것이 아니라 조개가 죽어나고 따라서 조개에 산란하는 물고기도 살아남지 못한다.

물고기가 알을 낳는 조개도 정해져 있다. 껍질(패각)이 딱딱하여 석패과(石貝科)라 부르는 것에만 산란을 한다. 석패과 조개는 우리나라에 넉넉잡아 10종 넘게 산다. 두드럭조개, 대칭이, 펄조개, 귀이발대칭이, 말조개 등이 여기에 든다. 석패과는 물론 껍질이 두 장인 이매패(二枚貝)로, 발[足]이 도끼 닮았다고 부족류(斧足類)라고도 한다. 석패과 조개는 다른 것에 비해서 껍질의 안쪽 진주층(眞珠層)이 유별나게 영롱한 색을 발하기에 중국 등지에서는 민물진주(담수진주)를 만드는 모패(母貝)로 쓰기도 한다. 진주를 방주(蚌珠)라 한다. 진주를 머금은 진주조개는 얼마나 쓰리고 아프겠는가. 그런 아림 끝에 영롱한 방주를 낳는다. 하루에 열두 번도 더 토해버리고 싶지만 참으면서, 참으면서 아픔을 삼키는 진주조개! 진주를 장수와 건강의 상징으로 삼는 이유가 거기에 있는 것일까. 쓰라림의 응어리가 진주다.

중국 항주에 갔을 때다. 안내원들이 데리고 간 곳이 바로 호수의 민물조개에서 키운 진주를 파는 곳이었다. 양식진주(인공진주)는 바다의 진주조개나 민물의 펄조개 무리에서 얻는데, 진주를 얻는 방법은 대차가 없다. 천연진주가 어떻게 생기는지를 알면 이해가 쉬워진다. 이렇든 저렇든 조개 몸에 이물(異物)이 들어와 그것이 외투막(外套膜)과 껍질 사이에 끼어들게 된다. 외투막은 껍질을 싸고 있는 얇은 막을 말한다. 외투막은 조개껍질을 만들어내는 곳인데, 밖에서 들어온 이물질 둘레에도 진주성분을 분비하여 더께더께 싸게 되고, 세월이 흐르면서 두꺼운 진주가 된다. 우리 몸도 살에 가시 하나가 박혀도 가만두지 않는다. 가시 둘레를 딱딱한 물질이 싸서 무독화(독을 없애는 일) 시킨다. 전쟁터에서 살에 박힌 총알을 그대로 지니고 사는 상이용사들이 많다. 그 탄피 둘레가 딱딱하게 석회질화(石灰質化) 되어서 주변 조직에 해를 끼치지 않는다.

이물 대신에 일부러 두꺼운 조개껍질을 동그랗게 갈아서 그 알갱이(핵이라 부름)를 조가비 아가리를 벌려 외투막과 껍질 사이에 끼워 넣고 닫아버린다. '가시와 탄피'가 몸에 들어왔기에 모패에는 비상이 걸린다. 외투막에서 진주 성분을 분비하여 핵을 무독화 시킨다. 몇 년이 지나 상품가치를 가졌다 싶으면 조개를 잡아 껍질을 열고 진주를 수확한다. 이것이 양식진주요 바로 인공진주다. 진주성분이란 특별한 물질이 아닌, 탄산칼슘(CaCO₃)에 단백질 성분이 약간 섞인 것일 뿐. 탄산칼슘이 별건가, 석회가루가 아닌가. 그걸 좋다고 여성들은 진주만 보면 정신을 잃고 혼을 빼고 만다. 사족을 못 쓴다는 말이 맞나?

다시 본론으로 이어가자. 조개는 몸에 물이 들어가는 입수공과 물이 나오는 출수공이라는 두 개의 구멍(관)을 가지고 있다. 조갯국을 먹을 때도 조갯살을 잘 들여다보면 단방에 입수공(入水孔)과 출수공(出水孔)을 확인할 수 있다. 위쪽에 있는 것이 출수공이고 아랫것이 입수공이다. 물이 아래쪽으로 들어가서 위로 나온다는 말이다. 이렇게 너절하게 길게 설명을 하는 이유가 있다.

산란기가 되면 이들 물고기 암놈은 항문 근처에서 아주 기다란 줄을 늘여놓으니 그것이 산란관(産卵管, ovipositor)이다. 알을 낳는 관이란 뜻이다. 헬리콥터가 동아줄을 내리고 날아가는 모습과 비견할 수 있겠다. 아마도 모르는 사람이 보면 '저런! 창자가 비어져 나왔군.' 하고 생각할 것이다. 알 낳을 때가 아주 가까워지면 산란관 안에 알이 염주처럼 줄줄이 들어차게 된다. 아무튼 이 물고기들은 딴 것들과는 달리 조개의 입수공 안에다 산란을 한다(중고기 무리는 출수공에 산란함). 어찌하여 이런 적응(진화)을 했을까. 산란관 설명을 조금 더 보태보자. 귀뚜라미나 메뚜기 암놈도 이런 산란관을 흙에 꽂아 넣고 알을 낳으며, 말벌도 곤충의 애벌레 살에 찔러 산란한다. 산란관은 알집(난소)에 연결되어 있으며, 알을 낱낱이 낳은 후 산란철이 지나면 몸 안으로 빨려 들어간다.

산란철이 되면 수놈도 바빠진다. 그리고 무척 사나워져서 눈을 부릅뜨고 이리저리 부리나케 돌아다닌다. 지느러미 결을 비쭉비쭉 세우는 횟수도 늘어만 간다. 텃세를 부리느라 그렇다. 제가 닦아놓은 터에 꼽사리꾼들이 월경(越境), 금을 넘어오는 날에는 대뜸 몸을 날려 걷어차버린다. 주둥이로 상대를 찍어버리는 것이다. 그리고 몸은 현란한 빛깔로 탈바꿈한다. 산란기에 수놈의 몸색이 밝고 원색으로 진해지는 것을, 다른 데서도 설명했겠지만, "혼인색(婚姻色)을 띤다."고 한다. 암놈들은 진한 혼인색을 가진 수컷을 고른다. 그 색 짙기에 건강도가 들어 있기에 그렇다. 가능한 한 좋은 유전자를 가진 짝을 골라야 튼튼한 자식을 낳는다는 것을 물고기 암놈들도 훤히 다 알고 있다. 수놈들도 건강하고 잘생긴 암놈을 만나고 싶은 것은 당연지사다. 하여, 걸려든(?) 암놈을 여태 눈여겨봐둔 조개 있는 곳으로 주저 없이 유인(인도)한다. 도닥거려주는 수놈 꽁무니를 따라나선 암놈이, 조개를 발견하고는 멈칫거리다가 그 둘레를 빙글빙글 돈다. 제가 태어난, 키워준 모패(母貝), 어머니 조개가 아닌가! 어머니의 강, 모천이 아니라 바로 어머니 그 자체가 조개일진대! 놀랍다, 어찌 제 알자리를 저렇게 귀신같이 알아내고…… 어머니 냄새를 아직도 잊지 않고 있는 암놈 물고기다. 수놈은 조개 옆으로 다가가서 애걸복걸 암놈의 산란을 재우친다. 몸을 뒤흔들기도 하고, 전신을 바르르 떨어가면서 말이다. 새끼치기가 뭣이기에 이렇게 힘들고 요란스러운지. 본능이, 유전자가 시키는 것을 어쩌랴.

드디어 때는 왔다. 제발 독자들은 놀라움을 금치 말기를. 헬리콥터가 밧줄을 내려서 물에 빠진 사람을 건져 올리듯, 조용히 조개에 다가간 암놈이 몸을 살짝 내려 산란관 끝을 조절하여 조개의 입수공에다 꽂는다. 꽂고는 배에 힘을 주어서 알알이 쏟아붓는다. 이런 짓을 여러 번 되풀이하여 알을 모두 비운다. 이때 더 바빠진 놈은 바로 수놈 물고기다. 녀석은 산란관이 없는데 어떻게 정자를 뿌리려냐? 입수공 입구에 허연 우유색 정액을 단방에 수북이 뿌려댄다. 그러면 조개가 입수공으로 물을 빨아들일 때 정자가 함께 쓸려 들어가서 알과 만난다. 조개 몸 안에서 탄생의 역사가 전개된다. 수정을 한다.

수정란은 딱딱한 껍질을 가진 조개 속에서 발생하여 근 한 달 후에는 어엿한, 자립이 가능한 치어가 되어 나온다. 조개가 알을 보호해주므로 다른 물고기에게 잡혀 먹히지 않고 고스란히 다 큰다. 강물에 조개를 통째로 잡아 삼키는 동물은 없지 않은가. 인큐베이터(부란기) 속에서 자라 나온 미숙아의 모습과 아주 비슷하다. 그래서 이 물고기는 다른 돌 밑이나 수초에 알을 낳는 물고기에 비해서 알을 적게 낳는다. 낳은 알은 모두 다 살아나오므로 많은 알을 낳지 않는다. 유아 사망률이 낮은 요즘 아기를 덜 낳는 것이나 다를 게 없다. 돌림병으로, 대여섯을 낳아야 하나 건질까 하던 옛날엔 그래서 수초에 산란하는 물고기처럼 다산하였다.

여기 하나 더 첨언해야 할 것이 있다. 앞에서 물고기 두 무리가 조개에 산란한다고 했다. 그런데 이 둘 다 산란관을 내어서 산란하는 것은 같은데, 납줄갱이 무리는 입수공에다, 중고기는 출수공에다 알을 낳는다. 입수공에 낳은 알은 조개의 아가미관에 들어가게 되고, 출수관으로 들어간 것은 외투강(조개 안의 빈 공간)에 놓이게 된다. 아가미에 여러 마리의 물고기 새끼가 끼어드니 조개가 호흡(숨쉬기)에 지장을 받는 것은 당연하다. 그러나 역시 토하지 않고 품어준다. 그리고 그 속에서 한 달여 지낸 치어는 나올 때도 들어간 구멍으로 나온다. 왜, 어찌하여 이렇게 알 낳는 구멍까지 다를까. 실은 필자와 필자의 제자들이 이들의 공생관계 논문을 여러 편 발표한 바 있다. 조개 배를 갈랐을 적에, 아기미관에 끼어 있는 물고기 새끼들!

　아무튼, 세상에 어디 공짜가 있는가. 생물들은 반드시 갚음을 한다. 앙갚음이 아닌 보은, 은혜를 되돌려준다는 말이다. 사랑도 주는 만큼 받고 받은 만큼 준다고 했다. 이것이 상생이고, 생물학에서는 이를 공생이라 한다. 공생이란 다 알듯이 서로 이익을 주고받으면서 더불어 살아가는 것을 말한다. 공생에도 두 쪽 모두 득을 얻는 상리공생(相利共生)과, 한쪽만 이득이 생기는(딴 쪽은 이득도 손해도 없음) 편리공생(片利共生)이 있다. 한쪽은 득이 있고 다른 쪽은 손해를 볼 때 이를 기생이라 한다. 그러나 넓고 크게 우주적 관점으로 보면 기생까지도 공생이고 상생이다. 공생이나 상생이나 다 인연이요 운명이거늘……

　어쨌거나 공짜는 없다. 아마도 여드름 난 수녀를 보는 것만큼이나 어려울 것. 뜻밖에도, 어이없는 일이 또 하나 벌어진다! 이제는 조개가 물고기에게 신세를 진다. 아니, 조개가 본전을 뽑을 차례. 물고기와 조개의 산란시기가 우연찮게 일치하는 것도 흥미롭다. 여기서 말하는 조개 또한 물고기 없이는 살지 못한다. 조개 중에서도 물고기에 알을 붙여서 일정한 기간 키우게 하는 것이 있다. 앞에서 이야기한 말조개, 펄조개 등의 석패과 조개다. 물고기는 조개에 알을, 조개는 물고기에 알을 붙인다. 천생연분이란 이런 것이리라. 어쩌다 이런 상생의 진화를 했단 말인가! 총명(聰明)하고, 영오(穎悟)하고, 영철(英哲)한 것들!

　물고기가 알을 낳는 순간 조개도 되우 세차게도 알을 내뿜어낸다. 떠나야 한다, 어미로부터. 찬란한 번영을 위해. 여기서 조개 '알'이라고 했지만, 사실은 이미 발생이 꽤나 진행된 '유생〔유패(幼貝)〕'이란 말이 맞다. 왜냐하면 둥근 알은 물고기에 들러붙을 수가 없기 때문이다. 이 조개의 유생은 남다르게 이미 여린 껍질이 두 장 생겼고, 껍질 끝에는 아주 예리한 갈고리가 붙어 있고, 그것으로 물고기의 지느러미나 비늘을 쿡 찍어서 찰싹 매달린다. 이 유생을 글로키디움 (glochidium)이라 부른다. 여기서 끝나지 않는다. 그 유생 조개는 물고기의 살 속에다 뿌리를 박아서 피를 빨아먹는다. 거의 한 달간 물고기에 붙어살다가 강바닥으로 떨어지는데, 물고기에서 양분을 얻어서 큰 것도 고맙지만, 굼뜬 조개는 멀리 이동을 못 하는 데 반해 멀리 왕래하는 물고기에 붙었다가 먼 곳에서 떨어져 나가므로 널리 또 멀리 자손을 퍼뜨릴 수 있다. 푸른 꿈을 품고 표표히 대모(代母) 물고기를 떠나는 조개 새끼들! 대모의 은혜를 잊지 않겠지? 나중에 다 자라서 물고기의 알을 안아주고 품어줄 너란다. 배은망덕(背恩忘德)은 인간의 전유물이니까. 이런 경우를 우리는 교묘하다 하는가, 오묘하다 하는가. 아니면 꾀보라는 뜻, 모려(謀慮)하다는 말이 맞는가?! 한마디로 신비로운 생활사를 지닌 두 동물이다! 물고기는 조개에 알을 낳고 조개는 새끼를 물고기에 붙이는 이 공생세계를 어찌 신묘하다 않을 수 있겠는가. 생경함과 신선함을 느끼면서 말이다.

그래서, 강물의 조개가 없어지면 따라서 물고기가 사라지고, 물고기가 줄면 조개도 떠나고 만다. 이것이 같이 살아가는 공생의 의미다. 그러니, 한 생물이 멸종된다면 그 여파가 얼마나 복잡다단하겠는가. 우주가 흔들리고 만다. 도미노 현상이 일어난다. 우주의 중심은 절대로 내가 아니다. 우주의 일부가 사라지는 것이니, 생물 하나를 잃는 것은 우주를 잃는 것.

그런데, 설사 서로 의지하고 돕고 산다 하더라도 거기에는 약간의 희생이 따른다. 물고기가 조개 몸속에 알을 너무 많이 낳으면 조개는 질식할 정도로 숨이 차고 만다. 그런가 하면 물고기에 조개 유생이 억수로 달라붙어 물고기가 양분을 다 빼앗겨서 황천으로 가고 마는 일도 더러 있다. 그래도 둘은 없어서는 안 된다. 가족이나 이웃 관계도 이런 것이다. 서로 뒤엉켜 '알콩달콩' 사이좋게 돕고 살아야 한다는 상생의 의미가, 또 이유가 여기에 있다. 조개와 물고기의 서로 돕기를 닮아보자. 떨어져선 못 사는 조개와 물고기도 아픔을 참고 나누며 살고 있더라. 동고동락(同苦同樂)이 거기에 숨어 있었구려.

바야흐로 여름은 지고 가을이 떴다. 인간들
은 걸핏하면 가을을 얼마 남지 않은 '황혼의 인생'에
비유한다. 저무는 석양에서 떠남의 미학을 배운다
고 하던가! 하지만, 물고기들에게는 그 말들이 얼토
당토 않는 괴변에 지나지 않는다. 코앞에 닥쳐오는
칼 같은 겨울 걱정 때문이다. 벌써부터 기운이 달리
기 시작한다. 엄동설한에 수온이 한껏 내려가면 모
든 물벌레들이 돌 밑으로 기어 들어가서 꼼짝하지
않으니 겨우내 주린 배를 움켜잡고 지내지 않으면
안 된다.

덧말이지만, 어느 누가 가을을 '철학의 계절'이라
고 칭송하던가. 서너 달 배 곯아봐야 물 젖은 빵이
나 누룽지의 의미를 알게 될 것이다. 애옥한 살림에
허기져서 허깨비를 본 사람만이 삶의 참 의미를 깨

닫는다. 허사(虛辭)로 듣지 말기다. 그래야 질풍경초(疾風勁草), 아무리 어려운 일을 당해도 넘어지거나 흔들리지 않는다. 이 말은 과연 누가 만든 것일까, "재목이 될 만한 나무는 응달에서 자란다."

많이 먹어 배 속에다 기름기를 갈무리해 둬야 하기에 물고기들에게 가을은 마냥 바쁘기만 하다. 닥치는 대로 잡아먹어서 배를 불려 지방을 그득 저장해 둬야 겨울에 죽지 않고 살아남는다는 말이다. 그래서 가을을 천고마비라고 하지만, 천고어비(天高魚肥)란 말도 '말이 된다. 그래서 가을 물고기는 기름이 자르르 흐르고 살 맛이 그렇게도 풍미로웠구나!

그건 그렇다 치고, 이야기의 주인공인 새미는 이름부터 멋들어지고 단아하다! 정말로 샘나는 이름이 아닌가. 물고기를 전공하거나 좋아하는 사람들이 '새미'라는 별명(별칭)을 즐겨 갖는 이유를 알 만하다. 이름 하나가 사람 운명을 좌우한다고 하여 작명소가 있지 않는가. 아무튼 어류 분류학자들도 예사롭지 않은 눈에다 감성적인 심성을 갖는지라 이름 하나도 기차게 짓는다. 생물이라는 학문 또한 특별하여서, 시·소설 등의 문학은 물론이고, 철학·심리학·예술 등 걸리지 않는 것이 없으니, '과학의 길은 로마의 길'이란 새로운 말이 만들어진다. 물론 필자가 지어낸 새로운 말이다.

들어오는 앞글이 너무 길었다. 본론으로 들어와서, 누군가는 새미를 '맑은 물의 요정'이라고 불렀다. 이 말에 많은 의미가 함축되어 있으니 그것을 풀어나가 본다. 우선 새미는 경기도 김화 근방과 강원도 (인제, 원통, 삼척 오십천) 일부가 남방한계선(최남단)이다. 다시 말하면 북한강 이북에만 서식하는 종으로, 보통 말해서 '북방수계의 냉수성 어류'라 불린다. 하여, 북한의 압록강, 대동강, 청천강, 중국의 흑룡강 등지에 사는 물고기다. 때문에 '강원도의 물고기'라 불러도 좋으리라. 그런데 어찌하여 물고기들도 추운 곳에 살기를 좋아하는 놈이 있고, 더운 지방에만 사는 놈이 있단 말인가. 이를 '생물의 다양성'이라 하여 생물만의 특징으로 삼는다. 생김새에다 식성, 산란행위 등 어디도 똑같은 물고기 없으니 하는 말이다. 물이 좀 더러워야 잘 사는 놈이 있는가 하면 아주 맑은 곳에만 사는 놈 등등……. 그 많은 사람들 중에 어디 빼닮은 사람이 있던가.

새미는 잉엇과(科) 새미속(屬)에 속하며 우리나라에서 딱 1종만 있기에 1속 1종이란 말을 쓴다. 이 놈이 사라지는 날에는 한 종이 아니라 한 속이 날아가 버린다. 한마디로 귀한 종이란 말이고, 귀한 것은 개체 수가 많지 않다는 것이다. 앞에서도 말했지만 새미는 물이 아주 찬 개울의 상류에만 살고, 물이 깨끗하지 않으면(용존산소량이 적으면) 살지 못한다. 바위 틈새를 유영하면서 돌이나 바위 표면에 붙은 조류를 주로 먹고 수서곤충도 잡아먹는다. 조류는 식물이고 곤충은 동물이다. 이 둘을 다 먹는다고 하니 새미는 잡식성인 셈이다. 잡식을 하지만 주로 조류를 먹기 때문에 소화관(창자)이 꽤 긴 편에 속한다. 다 잘 알다시피 동물은 식성에 따라서 창자의 길이에 차이가 나니 육식을 하는 동물은 창자의 길이가 짧다. 필자가 자주 우려먹는 말이다. 고기를 많이 먹는 서양 사람에 비해서 우리의 창자가 5센티미터나 길다는 기록이 그것을 암시하지 않는가.

애석하게도 새미에 관한 연구가 덜 진행돼 산란 습성이나 장소 등은 전연 알려지지 않았다. 우리나라에서 어류를 전공하는 학자가 열 손가락 안에 들기에 이런 일이 벌어진다. 이 강에서 저 강으로 다니면서 반두, 족대나 그물로 잡아 가져와서 이것들을 분류하고, 이름 짓고 하는 순수과학을 하다가는 밥을 굶으니 물고기 전공하기를 무척 꺼리는 게지. 군더더기 없이 또 한마디한다면, 밑바탕인 기초과학을 등한시하고 폄하(貶下)하는 나라 잘되는 꼴을 못 봤으니 마음대로 해봐라. 기초와 응용이 짜임새가 있어야 진가를 발휘하는 것인데, 돈이 많아 철철 새는 나라라면서 써야 할 자리에 인색한 것을 보면 모두 무지의 소치로다. 말짱 헛일만 하는 것이지. 콩가루 집안에서 노벨상 타령만 하고 있으니, 아직도 때가 까맣게 멀고 멀었다.

새미는 다 커봐야 1.2센티미터에 지나지 않는 작은 고기다. 보통 고기들처럼 6, 7월에 산란하는 것으로 보이고, 어린 물고기(치어)는 모양이 어미 고기(성어)를 빼닮았다. 몸은 유선형으로 등은 암갈색이고, 배는 담갈색이며, 옆구리에는 폭이 넓은 암갈색 세로띠[종대(縱帶)]가 있다. 등지느러미 중앙에도 흑갈색의 넓은 띠가 있다. 꼬리지느러미 중앙부에는 폭 넓은 선홍색 띠가 있고 그 주변은 옅은 황색이다.

그런데 보통 사람은 새미와 참중고기를 도통 구분하지 못한다. 새미가 일자형 입과 주둥이 끝에 가늘고 짧은 입수염 두 개를 달고 있는 것이 참중고기와 다를 뿐 외형은 아주 닮았다. 다시 말하면 참중고기는 입가에 수염이 없는데 새미는 있다는 것이 가장 구분하기 쉬운 특징이다. 그리고 무늬 형태도 차이가 나서, 가슴지느러미 앞쪽에 한 줄로 붉은 무늬가 난 것이 새미고, 가슴지느러미 전체가 붉은 빛깔을 띠는 것이 참중고기다. 참중고기는 남한 전역에 분포하지만 새미는 한강 이북에 분포하는 북방계 종으로 북한과 중국에 산다.

정말로 인간이라는 제일 늦둥이 동물(생물의 탄생시기를 1년으로 보면 사람은 12월 31일 오후 11시 59분에 갓 태어난, 겨우 1분 전에 태어난 햇병아리!)이 망나니로 기고만장(氣高萬丈), 나쁜 짓만 골라하는 짓거리를 보면 꽤나 웃긴다. 하여, 모든 생물에게서 가장 미움을 받는, 저주와 비아냥거림을 받는 동물이 되고 말았다. 정말로 사람만 이 지구를 떠나준다면 얼마나 평온하고 행복한 지구가 되겠는가. 온통 분탕질하고 들볶아대는 인간들이 떠나만 준다면 말이다! 그들에겐 우리가 눈엣가시다. 새미도 걱정 덜고 살 터인데…….

열목어(熱目魚) 눈에는 열이 없다

새미와 아주 비슷한 곳에 분포(서식)하는 냉수성 어류로 열목어(熱目魚)를 빼놓을 수 없다. 이 물고기는 남한에서는 강원도에만 사는 정말로 '강원도 물고기'(필자가 강원도에 살기에 더욱 애착이 가는 것일까?)로 이것 역시 인간의 횡포에 참혹하게 시달리고 있다.

"봄이 되면 수백 수천의 열목어가 떼를 지어 올라온다. 이곳에 오면 빙빙 돌면서 물소리까지 내면서 소란을 피운다. 가파른 낭떠러지를 오르려고 애를 쓴다. 어떤 것은 뛰어오르는 데 성공하지만 다른 것은 반쯤 올랐다가 폭포를 돌파하지 못하고 되돌아온다."

금년 93세로 타계하신 내 은사님 최기철 선생님께서 쓰신 책(『우리 물고기 백가지』)에서 퍼온 글이다. 가끔 하는 말이지만 호사무견제(虎師無犬弟), 범 스승 밑에 개 제자 나지 않는다[이 말에 내 제자가 용사무사제(龍師無蛇弟, 용 스승 밑에 뱀 제자 생겨나지 않는다고 말을 던진다!)고 스승 없는 제자 없다. 이런 훌륭한 선생님을 만났기에 여기 내가 있는 것이리라. 선생님의 드높은 은혜를 언제나 마음속에 기리며 살아가고 있다. 감동 주는 스승을 은사로 두었다면 누구나 행복한 사람이다. 여기에 선생님께서 별세한 후 <중앙일보> 2002년 10월 23일자 「삶과 추억」난에 실린 글을 소개한다. 여기서, 우리의 버팀목에 나침반이 되셨던 선생님 생의 아주 작은 비늘 하나, 편린(片鱗)을 볼 수가 있다.

"나는 누구인가? 우리 민물고기 30종 이상을 알고 있는 유망한 사람인가, 10종밖에 모르는 평범한 사람인가, 그렇지 않으면 10종도 모르는 불행한 사람인가."

이 글은 22일 92세를 일기로 세상을 떠난 '물고기 박사' 최기철(崔基哲) 서울대 명예교수가 저서 『우리가 정말 알아야 할 민물고기 백가지』머리말에 쓴 것이다.

우리나라 1세대 원로 어류학자였던 崔 교수의 삶은 오직 민물고기와 함께했기에 민물고기의 이름을 알고 모르는 것이 그에게는 행복과 불행의 잣대로 여겨졌다.

"고인은 황망했던 우리나라 물고기 연구를 반석 위에 올려놓으셨지요. 이제 민물고기 연구는 거의 완성된 상태나 다름없습니다."

제자인 권오길(權伍吉, 강원대 생명과학부) 교수는 이렇게 말하며 애도했다.

"술 담배를 입에 대지도 않으셨고 채집을 나가서도 저녁 10시에 주무시고 아침 5시에 일어날 정도로 빈틈이 없으셨지요. 그런 철저함에 무엇이든 해내고야 마는 개척정신이 어우러졌기에 큰 업적을 남기신 겁니다. 게다가 제자들을 위하는 마음이 끔찍했죠. 몸이 불편한 가운데서도 올 초 저에게 친필 연하장을 보내셨어요. 그렇게 정성을 쏟으시니 어떻게 제자들이 감동하지 않겠어요."

대전에서 태어나 1931년 경성사범학교를 졸업한 崔 교수는 우연한 기회에 생물학에 관심을 가졌다. 그는 당시 조선박물학회에서 한 노학자가 남산 제비꽃을 신종으로 발표하는 것을 듣고 큰 감명을 받았다.

오백 년이 넘는 수도 남산에도 아직 밝혀지지 않은 생물이 있었다는 점은 개척적인 일에 목말라 하던 그에게 한줄기 빛이 되었다.

48년 서울대 사대에 자리를 잡은 그는 생태학 중에서도 간석지 연구에 주력했다. 이 연구가 틀을 잡았을 무렵인 63년부터는 태백산맥의 존재를 동물지리학상으로 밝혀내겠다고 작정하고 설악산에서 민물고기의 서식 종류 연구에 몰두했다.

하지만 진정한 민물고기 연구는 정년퇴임 후인 80년대에 본격적인 닻을 올리게 된다. 그는 칠순이 넘어서야 "나무만 보고 숲을 보지 못했다."고 반성하면서 9년 동안 남한지역의 모든 계곡을 헤매고 다녔다. 이런 노력의 결과는 『한국의 자연-담수어편』(전 8권)의 저술로 나타났다.

이 책은 생태 환경에 대한 사회의 관심을 불러 일으켰다. 이후 연구는 운동으로 이어져 94년엔 '생태계 지킴이'들이 한국민물고기보존협회를 만들었다.

고인은 최근까지 생물학자의 꿈을 키워 가는 학생들이 만든 '곤민모임'을 후원하며 어린 제자들을 길러내는 데 혼신의 힘을 쏟았다.

한국민물고기보존협회 감사인 홍영표(洪榮杓, 국립중앙과학관 연구관)씨는 "고인은 돌아가시기 직전까지 민물고기를 사랑하는 사람들에게 자신이 연구한 성과를 알려 주려고 하셨다. 고인과 답사를 나갔을 때는 열 살 어린이들과 어울려 고기를 좇으셨다."고 회고했다.

평생 물고기와 함께한 씩씩하고 자상한 '물고기 할아버지'의 귀천(歸天)은 버들치나 각시붕어 떼들이 우리 곁을 점차 떠나는 현실과 자꾸 오버랩돼 아쉬움을 더한다.

실은 우리 선생님은 그렇게 빨리 세상을 떠나실 분이 아니셨다. 서울대학 총장께서 명예 교수들에게 식사대접을 하는 자리에서 불행한 일이 벌어졌다고 한다. 그 연세에도 아주 건강하셔 음식도 아주 맛있게 드셨다고 한다. 바로 곁에 역시 은사님이신 이주식 선생님이 계셨는데, 그 장면을 목격하셨고, 이야기를 들려주셨다.

어느 순간 갑자기 음식이 식도를 막았고, 잇따라 숨관을 압박하기 시작하였다고 한다. 왕년에 날고 기셨던 의과대학 교수들도 계셨는지라, 응급처치를 했으나 무용. 그래서 급히 병원으로 모셨으나 소생하지 못하시고……. 그래서 난 다음에 총장이 대접하는 자리엔 절대로 가지 않기로 했다고 너스레를 떤다. 그 선생에 그 제자라고 자칫 선생님을 닮아……, 겁이 나서. 더 살 수 있는 건강을 지녔으나 애통케도 그렇게 떠나시고 말았다. 하기야 그것이 바로 명(命)이라고 한다면 할 말이 없다. 하긴 잠시 스쳐가는 과객(過客)이 아닌 사람이 없지.

　다시 열목어 이야기로 돌아온다. 앞에서 봄철이 되어 열목어가 들끓어서 첨벙대고 설쳐대는 장면을 잠깐 읽었다. 그 글에서 '이곳'이란 바로 오대산 월정사의 금강못이고, 열목어는 겨울이 오면 냇물따라 아래로 내려가서 월동을 하고, 다음 봄에 얼음이 풀리면 상류로 이동한다는 것을 설명한 대목이다. 열목어를 영어로는 'Manchurian trout', 우리말로 직역하면 '만주송어'가 되겠는데, 분류상으로는 연어과에 속한다. 앞에서 열목어를 강원도 물고기라고 했다. 물론 강원도 이북에만 사는 냉수성 어류란 의미다. 옛날에는 김화, 양구, 영월, 정선, 홍천, 인제, 평창, 태백, 영춘, 봉화 등 숲이 우거진 계류에 주로 살았으나 지금은 사람들이 다 죽여버려서 강원도 저 한구석, 일부 산간지역에만 살고 있다고 한다. 이것도 머지않아 절멸종(絕滅種)의 리스트에 오르지 않을까 심히 걱정되는 바이다. 다칠세라, 신줏단지 모시듯 해야 한다.

　봄에 수온이 5도 근방이면 알을 낳는다. 사실 이 온도의 물에 손을 넣으면 "아, 차가워!" 하고 손을 재빨리 내빼는 수온이 아닌가. 차가운 물을 좋아하는 열목어다! 알을 물살이 느린 곳에다 낳는다. 수놈이 암놈을 쫄쫄 따라다니다가 암놈이 바닥의 자갈 사이에 알알이 알을 떨어뜨리면 허연 씨를 뿌려 수정케 한다. 조물주는 어쩌면, 귀찮게도 꼭 알에 정충(精蟲)이란 놈이 들어가도록 해놨는지 모르겠다.

　열목어는 육식성이라 물에 사는 수서곤충들을 주로 먹는데, 공중에서 떨어지는 벌레들은 물론이고 쥐까지 잡아먹는다는 기록이 있다. 30센티미터 정도 크기는 흔하고, 아주 큰 놈은 몸길이가 1미터를 넘는다고 하니 다람쥐도 잡아먹겠다. 딴 물고기도 다르지 않지만, 강

둘레에 숲이 울창해야 열목어도 잘 산다. 여기서 말하는 숲이란 소나무 같은 침엽수림이 아니고, 잎이 널따란 활엽수를 의미한다. 떨어진 낙엽이 물에 흘러들고, 그것을 먹는 수서곤충(모두가 잠자리, 하루살이 등 곤충의 애벌레들임)이 늘어나면, 물고기가 그 벌레를 잡아먹고 산다. 물론 초식성 어류는 돌멩이에 붙은 조류를 뜯어먹는다.

그러면 왜 소나무 같은 침엽수가 많은 곳은 물고기가 살기에 좋지 않은가. 소나무 이파리가 잘 썩지 않을 뿐더러, 침엽에는 수서곤충들이 싫어하는 물질이 들어 있어, 이것들이 살지 않으니 물고기가 살지 않는다. 솔잎에서 나는 솔 냄새는 주로 테르펜계(terpenoid) 물질, 페놀계(phenolic) 물질, 탄닌(tannin), 알칼로이드(alkaloid) 물질이 주를 이룬다. 홍차에 든 성분만도 4천 가지가 넘는다고 하니……. 먹이 없는 곳에 사는 바보 물고기는 없을 것이다. 땅 위 소나무 숲에도 다른 식물들이 거의 살지 못하는 것을 보면 일견 그럴듯하게 느껴진다. 그리고 열목어는 옆으로 납작하여 몸의 폭이 좁고 길며, 머리는 작은 편이다. 몸 바탕색은 노란 갈색이고 어린 개체는 몸의 양쪽 옆면에 여남은 개의 까만 갈색 무늬 띠가 있으며, 측선이 거의 몸의 중앙부를 달린다.

열목어를 지방에 따라서 댐피리, 댓잎, 연메게, 연묵어, 엿메기 등으로 부른다. 그러면 하필 열목어(熱目魚)가 표준국명이 되었을까. "눈에 열이 너무 많아서 찬 곳을 찾아가 열을 식힌다."고 하여 열목어라고 붙였다고 한다는데, 흔히 열목어 한자를 잘못 해석하여 '눈에 열이 있는 물고기'로 생각하기 쉬우나 그렇지 않다. 열목어 눈에는 일렁거리는 열도 전연 없고 그렇다고 붉지도 않다. 보통 동식물의 이름은 외형이나 특별한 특징에서 따오지만, 전해오는 이야기나 전설 등이 붙기도 한다. 열목어란 이름도 어떤 사연과 까닭이 있을 만한데도 정확히 아는 사람은 아무도 없다. 아무튼 열목어 눈에는 열이 없다. 효자동에 효자 없고 적선동에 돈 없다?

"냉수(冷水)의 요정 빙어가 아리따운 자태로 강물 위로 몰려옵니다. 겨울 한철 그 모습을 반짝입니다. 이들이 어우러져 헤엄치는 모습은 바로 은반 위에서 춤추는 살결 하얀 무희(舞姬)들입니다. 한 해만 살고 죽기에 그 춤은 더욱 애절합니다. 어때요, 이 겨울에 빙어 찾아, 얼음 찾아 호수로 떠나지 않으실래요."

인제군에서 매년 1월 말에, 신남 선착장에서 개최하는 '빙어 축제'를 선전하는 시샘 나는 글이다.

우리나라에 사는 빙어도 바다에 사는 놈, 바닷물과 민물이 섞이는 기수에서 사는 놈, 순수한 민물에 사는 놈이 있다. 빙엇과(科)에는 바다빙엇속, 별빙엇속, 빙엇속, 열빙엇속 등 넷이 있다. 여기서 다루려는 빙어는 바로 빙엇속에 속하는 것이다. 같은 과나 속에 속한다는 것은 그들이 생김새나 행동 등이 유사하다는 것을 말한다. 물어볼 필요 없이, 같은 속에 속하는 종이면 유전적으로나 진화상으로나 아주 가깝다. 놈들을 통틀어 영어로는 멸치(smelt)라 하고, 빙어를 '민물의 멸치'라 해도 그리 어색하지 않다.

여기서 논하는 빙어[*Hypomesus olidus*]는 주로 강이나 호수에 살지만, 원래는 바다와 강을 오르내리는 종이다. 봄(1~6월)이 오면 기수에 살던 놈들이 강을 거슬러 올라와 알을 낳고(어미는 죽고 만다) 부화된 치어는 강에 살다가 겨울(12월)이면 바닷가로 내려간다. 겨울 동안 바다에서 속성으로 자라서 성어가 되고 다음 해 봄에 다시 소강하여 산란을 한다. 빙어축제 선전에도 나왔듯이 이 물고기는 일 년만 살고 죽는데, 드물기는 하지만 2, 3년짜리가 발견되는 수도 있다고 한다. 우리 인간은 거기 비하면 쓸데없이 너무나 오래 산다. 다들 손을 남기면 깨끗이 죽어주는데, 어째서 인간은 이다지도 오래 산담. 아무튼 빙어는 우리나라 말고도 일본, 사할린, 알류산 열도 등지에도 서식한다.

『전어지』에는 빙어를 이렇게 기술하고 있다. "동지 전후에는 얼음을 깨서 투망으로 잡는데, 입춘이 지난 후에는 푸른색을 띠면서 점점 사라져 볼 수가 없으니 빙어라 이름을 붙인다."라고. 빙어가 겨울 고기임이 역력하다.

그렇다면 소양호나 춘천호의 빙어는 어떻게 된 놈들인가? 이놈들은 강과 바다로 오가는 성질을 잃어버리고 민물에 적응한 육봉종이다. 무지개송어가 그렇듯이 말이다.

해방 전에 함경남도 용흥강에 살던 빙어를 제천의 의림지, 춘천의 소양호·춘천호, 강화의 장흥지 등지에 옮겼다고 한다. 몇 알의 씨가 이렇게 많은 손을 뿌리다니! 그렇게 잡아먹어도 어디서 나오는지 끝이 없다. 낚시도 낚시지만 빙어는 단백질 공급원으로 아주 큰몫을 한다.

연못이나 호수에 사는 빙어는 3, 4월에 수심 20~40센티미터 되는 모래자갈 바닥에 알을 낳는다는데, 수온은 보통 5~6도이며, 한배에 1,000~20,000개를 낳는다. 기름에 튀긴 그 알배기 암놈 한 마리가 그렇게 많은 알을 가지고 있다니. 그래서 겨울 낚시 때는 물 깊은 곳에 살던 놈들이 알을 낳기 위해 물 위로 무리 지어 나오는 철이다. 이 녀석들은 냉수성(冷水性)이라 여름에는 서늘하기 짝이 없는 호수의 깊은 바닥으로 내려가 살기에 그물로도 잡을 수가 없다. 찬물은 비중이 커서 마냥 가라앉는다는 것을 우리는 안다.

빙어의 특징을 살펴보자. 큰 놈은 몸길이가 15센티미터나 되며 일반적으로 암놈이 더 크다. 한마디로 빙어는 맵시 나는 물고기다. 피라미를 약간 닮았으나 몸의 살이 아주 투명하여서 속뼈가 훤히 다 들여다보인다. 또 등지느러미와 꼬리지느러미 사이에 작은 지느러미가 하나 더 붙어 있어 이를 '기름지느러미'라 한다. 어찌하여 남이 갖지 않은 그런 지느러미를 가졌담! 몸은 연한 회색이며 등은 황갈색이다. 옆구리에 연한 흑색 세로줄이 하나 있고, 그 표면에 은백색 세로줄이 또 하나 있다. 빙어를 과어(瓜魚)라고도 하는데, 육살에서 오이 향이 난다는 뜻이다. 또 공어(空魚)라고도 하는데, 이는 겨울에 먹이를 먹지 않아(못해) 속이 비었다고 일컫는 말이다. 한마디로 '겨울 호수의 요정'이란 별명이 붙을 만큼 잘생긴 물고기임에 틀림없다. 호수의 빙어는 원래부터 거기에 살았던 것이 아니라 사람들이 일부러 가져다 집어넣은 것임을 다시 밝혀둔다.

요새 와서 먹고살기가 좀 나아지다 보니 다들 삶의 질에 신경을 쓴다. 하여 빙어 견지낚시도 이제 겨울철 레저(놀이)로 자리를 잡아가고 있다. 두껍게 꽝꽝 언 얼음을 숨구멍 내어 낚싯줄을 드리우는 강태공들! 강태공은 세월아 네월아 어서 가거라, 시간을 죽이느라 낚시를 했다는데, 현대판 태공들은 빙어를 잡아 먹는 것도 즐긴다. 말해서 빙어회와 튀김이다. 산 고기를 접시에 들이붓고는 거기에 초고추장이나 고추냉이를 부어 버무려서 젓가락으로 후루룩 건져 먹는다. 그것도 얼음 바닥에 철퍼덕 주저앉아서. 입가에는 고추장이 튀어 묻어 있고. 아무래도 야만스러워 보인다. 필자는 비위가 약해 그 짓을 못한다. 냅다 퍼덕거리는 놈을 산 채로 꾹꾹 씹어 먹다니?! 얼마나 식성, 비위가 좋기에. 그들은 그것을 운치라고 말하겠지. 다행히 뼈가 약해서 목에 걸리지 않는 것만도 어딘가.

그런데 과연 민물 빙어는 흡충(디스토마)에는 안전할까? 간이 퉁퉁 부어오르고 얼굴이 시커멓게 변하는 간흡충(liver fluke) 말이다. 그런데, 생물 용어(어휘)도 유행을 타는지라, 옛날에는 독일의 영향을 받아서 디스토마(distoma)라 했건만, 지금은 미국의 문화 압력에 눌려서 '흡충(吸蟲, fluke)'이라 쓰니 말이다. 어쨌거나 안전제일이니, 생고기 회는 삼가고 튀김을 즐기는 것이 어떨지. 무욕무결(無慾無缺), 탐냄이 없으면 결점·결함이 없는 법! 튀김가루가 노랗게 변한 얄팍한 밀가루 옷을 입은 빙어는 담백하고 고소하고 맛깔스럽다. 샛노랗고 고소한 알 씹히는 감촉 또한 그지없다.

아니나 다를까, 소양호·대청호 빙어에 '기생충 주의보'가 내려졌다. 2003년 6월 3일 <중앙일보> 기사를 소개한다.

관광객이나 주민들에게 별미로 인기가 높은 소양호 및 대청호 서식 빙어의 기생충 감염 상태가 심각한 수준인 것으로 나타났다. 특히 일부 기생충은 3년 전보다 감염률이 1백 배 이상 높아져 인체 감염 가능성도 큰 것으로 우려되고 있다.

이 같은 사실은 지난달 30일 강릉 관동대에서 열린 2003년도 대한기생충학회 봄 학술대회에서 서울대학교 의과대 채종일(기생충학 교실) 교수팀의 주제발표 자료 「소양호 및 대청호에서 수집한 빙어 및 피라미의 흡충류 피낭유충(애벌레) 감염상태」에서 밝혀졌다.

채 교수는 이 자료에서 지난 1월 충북 대청호에서 수집한 빙어 100마리에 대해 첨단 기법(슬라이드 압평법 및 인공소화법 등)을 이용해 어류 아가미 등에 기생하는 기생충인 흡충류 피낭유충 감염 실태를 조사한 결과 간흡충(간디스토마) 피낭유충 369개와 기타 애벌레 51개를 발견했다고 밝혔다.

빙어 1마리당 평균 4.2개의 기생충 애벌레를 갖고 있는 셈이다. 또 같은 기간 춘천 소양호에서 수집한 빙어 459마리를 동일한 방법으로 감염 실태를 분석한 결과 간흡충 피낭유충 161개(35.1퍼센트)와 다른 기생충인 선충류 6마리를 수집했다.

이 같은 결과는 2000년 다른 논문에서 발표된 소양호 빙어의 간디스토마 감염률 0.3퍼센트보다 1백 배 이상 높아진 것이어서 소양호·청평호의 기생충 감염 실태가 상당히 심각한 수준인 것으로 드러났다.

또 소양호에서 수집한 피라미 30마리에서도 간흡충 등 각종 기생충 애벌레 326개를 수집해 감염률이 빙어를 훨씬 초과하는 것으로 밝혀졌다.

채 교수팀은 이들 빙어와 피라미에서 수집한 피낭유충을 흰쥐에 감염시킨 결과 간흡충 성충 232마리(회수율 41.5퍼센트)와 12마리(92퍼센트)를 각각 회수했다고 덧붙였다.

결국 소양호 및 대청호의 빙어와 피라미가 간흡충의 제이중간숙주이며 인체 감염원이 될 수 있는 것을 입증한다는 게 채 교수팀의 설명이다.

채 교수는 "이들 지역에서 잡힌 빙어의 기생충 감염률이 예상했던 것보다 높은 것으로 나타나 빙어를 생식할 경우 간흡충 감염의 우려가 높은 만큼 적절한 조리를 한 뒤 먹는 것이 좋다."며 "빙어의 기생충 감염을 없애기 위해서는 간흡충 감염의 원인이 되는, 사람과 동물의 분뇨를 처리하는 시설을 건설하는 게 시급하다."고 덧붙였다.

빙어 축제를 주관하는 인제군에서도 이 점을 잘 알고, 축제도 축제지만 빙어 생식의 위험을 계몽하는 일도 게을리 하지 말아야 할 것이다.

헌데, 세상에 이런 귀중한 간에 벌레가 수만 마리가 들어앉아 있으면 어떻게 될까. 결론부터 말하면, 이 대명천지에 아직도 간흡충에 걸린 사람이 한국인의 1.6퍼센트에 해당하는 60만 명이 넘을 것이라고 하니 말이다. 지금이 어느 땐가. 회충에 걸린 사람이 드물어서 해마다 해 오던 행사, '대변검사'가 사라진 지가 언젠데. 그럼에도 낙동강과 섬진강, 금강 유역 사람들은 30~40퍼센트가 걸려 있다는 이야기다. 적극적인 계몽과 홍보를 펼치는데도 1급수에는 그런 것이 없다고 믿는 것이 탈이다.

그건 그렇다 치고, 간흡충의 일생을 들여다보자. 흡충이란 말이 '피를 빨아먹는 기생충'이란 뜻이라면 디스토마(distoma)는 '빨판이 두

개'란 뜻이다. 사실 흡충들은 입빨판과 배빨판을 가지고 있다. 간흡충의 성체는 꽤 커서 2센티미터에 달하고 버드나무 잎사귀 모양으로 몸이 아주 납작하다. 아니, 2센티미터나 되는 벌레가 간에 박혀 있다는 말인가. 실은 간 조직 안에 있는 게 아니고 간 속에 있는 쓸개관(담관)에서 산다.

흡충은 몸이 납작해서 분류학상으로 편형동물(扁形動物)에 넣는다. 편형동물에서 대표적인 것은 흡충 말고도 플라나리아(planaria), 촌충(寸蟲) 등이 있다. 한마디로 이것들은 소화기는 퇴화되어 생식기가 몸뚱이 전체를 가득 채우는 형태로 전형적인 기생생활을 한다.

간흡충은 민물고기를 날것으로 먹으면 걸린다는 것을 우리는 다 안다. 빙어 이야기가 바로 그것을 말하고 있다. 민물고기의 비늘이나 아래 살 속, 지느러미나 아가미에는 딱딱한 껍질(피낭)을 둘러쓴 메타세르카리아(meta-cercaria)라는 유생 상태의 것이 들어 있다. 민물고기를 생으로 먹으면 위장에서 살(근육)은 소화가 되고 유생은 따로 분리된다. 메타세르카리아는 십이지장으로 곧바로 내려가는데, 신기하고 요상한 일이 일어난다! 귀를 쫑긋 세우고 들어보자. 그 유생이 음식과 함께 밀려 아래로 내려가지 않고, 녀석들이 잇따라 십이지장 벽에 난 작은 틈새를 통해 들어간다는 것이다. 그 구멍으로 쓸개액과 이자액이 같이 흘러나온다. 이 미물이, 세상에, 제 어미가 살았던 쓸개를 알아차렸다는 것이 아닌가. 쓸개즙의 냄새를 맡아내고선 어미가 살았던 곳을 알아낸다! 이거야말로 모천회귀(母川回歸), 어미가 살던 강으로 줄줄이 되돌아오는 연어와 뭐가 다르단 말인가. 연어도 제 어미가 살던 터를 어미 젖 냄새로 알아내고 돌아온다고 하는데, 이놈의 기생충도 그렇다. 제비도 제가 태어난 집을 다음 해 귀신같이 찾아든다고 하며……. 수구초심(首邱初心), 나도 머잖아 어머니 고향을 찾아가 거기서 죽으리라. 만고강산(萬古江山), 변함이 없는 고향이란 태와 탯줄을 묻은 곳이 아니던가. 결초보은(結草報恩)의 시간은 얼마 남지 않았구나……, 초개(草芥) 같은 목숨인걸.

어쨌거나 냄새를 맡자마자 그 작은 틈에 잰걸음으로 기어들어서 이자와 간이 있는 갈림길을 만나지만, 왼쪽으로 몸을 틀어서 잽싸게 쓸개관(담관)을 타고 치솟아 오른다. 어미 냄새가 물씬 풍기는 모태(母胎), 가지 친 작은 담관에 안착한다. 거기서 둥지를 틀고 메타세르카리아는 커 간다. 보통 15~30년을 너끈히 그 자리에 버티고 살아간다. 백수건달 기생충치고는 기고만장한 녀석이로다!

흡충은 암수한몸이다. 그러나 다른 짝의 정자를 받아 수정을 하는 것이 원칙이다. 수정된 알(수정란)은 담관을 타고 내려가서 십이지장으로 나가 결국은 대변에 섞여서 밖으로 나간다. 그 알이 물에 쓸려 들어가면 거기에 살고 있는 쇠우렁이[*Parafossarulus manchuricus*]에게 먹힌다. 이미 알 속에는 미라시듐(miracidium)이라는 유생(애벌레)이 들어 있다. 쇠우렁이에 먹힌 알에서 미라시듐이 나와서 쇠우렁이의 조직을 뚫고 들어간다. 이제부터 쇠우렁이가 곤욕을 치른다. 조직 속에서 생식이 일어나기 때문이다. 미라시듐이 스포로시스트(sporocyst, 낭상충)가 되고 그 유생의 몸속에 다시 여러 마리의 레디아(redia)가 만들어진다. 분명히 이것들은 모두 유생들이다(성체는 담관에 계시지 않는가). 유생이 그 개체 수를 늘여가니 이것을 유생생식(幼生生殖)이라 한다. 새끼가 새끼를 쳐서 그 수를 기하급수로 늘여가는 기막힌 기생충 세계의 한 단면이다. 레디아는 다시 다른 형태로 바뀌니 그것이 세르카리아(cercaria)로, 드디어 쇠우렁이에서 물로 튀어나와 물속을 헤엄친다. 한 개의 알에서 수많은 유생이 만들어져서! 올챙이 닮은 세르카리아는 근방에 물고기(주로 잉엇과)가 지나가면 단방에 달라붙어 비늘 밑이나 근육 안을 파고들고, 거기서 변태하여(껍질을 뒤집어쓴 피낭이 되어), 이야기 시작할 때의 메타세르카리아가 된다. 물고긴들 이것이 들어오는 것이 좋을 리가 없다. 쇠우렁이는 근육에다 간도 많이 다쳤다. 이 녀석이 몸에 상처를 주는 것은 물론이고 그 자리가 세균 등에 감염될 수 있으니 말이다. 그런데 어찌 이렇게 여러 단계를 거치면서 헤집고 다닌단 말인가, 녀석이. 충란에서 성충까지 전 생활사는 약 3개월이 걸리고, 인체에 기생한 후 약 1개월 후면 성숙하여 하루에 2,000개 이상의 알을 낳아댄다.

그런데 녀석들은 왜 이렇게 복잡한 생활사를 갖는 것일까. 사람에서 쇠우렁이, 물고기를 지나면서 여러 유생 단계를 거치는 생활사가 어떤 점에서 불리, 유리한지 필자도 알지 못한다. 알쏭달쏭하고 헷갈린다는 말이 맞다. 그러나 긴 세월에 그렇게 적응해 온 것은 사실이다. 생물계에선 종특이성(種特異性)이라는 것이 있다. 한 종의 기생충은 반드시 정해진 종에만 감염된다는 것도 아주 흥미롭다. 간흡충의 제일중간숙주는 쇠우렁이로 정해져 있고, 폐흡충은 다슬기다. 물론 제이중간숙주는 간흡충은 민물고기고, 폐흡충은 민물가재나 새우 같은 갑각류다. 절대로 아무 데나 유생들이 기어들지 않는다. 또 못한다. 여기서 하나의 결론이 날 수가 있으니, 소양강 상류에 틀림없이 쇠우렁이라는 연체동물(복족류)이 살고 있다는 것이다. 그러기에 빙어 몸에 피낭충(메타세르카리아)이 들어 있지. 최종숙주로는 사람 말고도 개나 고양이 등 동물도 포함된다.

여기에 하나 덧붙여 보자. 쇠우렁이나 다슬기, 즉 제일중간숙주를 생것으로 먹으면 어떻게 될까. 병에 감염되지 않는다. 그것도 일종의 종특이성으로 반드시 제이중간숙주를 먹어야 걸리게 된다. 2센티미터나 되는 간흡충이 쓸개관에 들어와서 우글우글 산다면 어떻게 될까. 기생충의 숫자나 기생 기간, 반복 감염 등에 따라서, 기계적 또는 독소에 따라서 병의 증상이 달라진다. 담관 상피세포가 떨어져 나가면서 이상조직이 생기고 상피세포의 악성화가 일어나기도 하며, 더 진전되면 쓸개 및 담관의 주위에 섬유화가 일어나고, 담즙이 내려가지 못해 쌓여서 담도 점진적으로 붓거나 두꺼워진다. 드물게는 간세포의 변성, 위축 또는 2차성 세균감염이 합병되면서 담관에 궤양을 형성하기도 한다. 까딱 잘못하면 담관암이 생긴다는 것이다. 소화불량, 복부팽만, 간 비대, 황달, 야맹증 등이 나타나고 심하면 간경변증에서 보는 여러 증상이 나타난다.

지금은 그래도 먹을 것도 늘었고, 또 계몽 덕에 생선을 날로 먹는 것이 많이 줄었다. 그러나 겨울 빙어는 괜찮겠지 하고 먹는 사람들이 많다. 어디 겨울 찬물이라고 메타세르카리아가 죽는가. 절대로 그렇지 않다.

사실 우리나라는 세계적으로 유명한 간흡충 감염국가였다. 일본이나 중국, 대만 등지에 비해서 유독 그랬다. 특히 낙동강 유역, 대표적으로 김해 지역이 그랬다. 그런데 묘하게도, "병이 있는 곳에 약이 있다."고, 역시 흡충을 박멸하는 약이 우리나라에서 개발되었다. 한번 먹으면 단번에 구충(驅蟲)되는 그 약이 많이 수출된단다. 사실 아스피린이란 약도 그렇지 않았던가. 음습한 기후로 유명한 영국, 거기 살던 사람들이 으스스 몸살이 나면 버드나무 가지를 툭 잘라다 끓여 그 국물을 들이마셨다고 한다. 바로 그 나무에 해열과 진통에 특효인 아세

틸살리실산(acetysalicyl acid)이 들어 있는 것을 알아내고, 그것을 원료로 만든 것이 아스피린이다.

그 아름다운 '겨울 호수의 요정'인 빙어 이야기가 끝까지 환상적으로 이어갔으면 좋았을 것을……. 그러나 빙어들은 이 글을 잃고 꽤나 좋아라, 고맙다고 하겠지. 제 몸 깊숙이 파묻힌 피낭충이 공포의 대상임을 인간들이 알았으니. 그러나 빙어가 너무 많아도 끼리끼리 싸움만 할 것이 아니겠는가. 어이없는 이전투구(泥田鬪狗), 골육상쟁(骨肉相爭)! 그래서 사람들이 잡아서 좀 솎아주는 것도 좋겠다 싶고…….

  대구뽈찜은 입이 큰 바닷물고기, 대구(大口) 볼때기를 찜한 요리다. 언젠가 제주도에 갔을 때 푸짐하게 그 맛을 즐긴 기억이 난다. 여기서 '볼'은 물고기 양쪽 아가미뚜껑 부위로 그 근방에 붙은 살점이 제법 도톰하고 맛도 괜찮다. 물고기나 네 발 동물(육류) 모두 쉬지 않고 운동하는 곳의 살(근육)이 맛이 나는 법. 쇠고기에 제비추리라는 부위가 있다. 고깃집에서 아주 비싸게 팔리는데 기름기가 하나 없고, 아주 쫄깃하다. 이 근육은 소의 가로막(횡격막)을 움직이게 한다. 가로막이란 가슴과 배 사이에 있으며, 호흡에 관여하는 기관이 아닌가. 자나 깨나 쉬지 않고 움직이는 근육이 바로 제비추리기에 맛이 난다.

  이 정도의 설명으로 '파랑볼우럭'의 뜻이 조금 살

아났을 것이다. 분류학자들은 예나 지금이나 단연 언어감각이 뛰어나서 동식물의 이름을 잘도 갖다 붙인다. 그리고 블루길(blue gill)의 'gill'은 아가미란 뜻이다. 다시 말하면 우리나라 물고기 우럭을 닮았는데, 아가미 부위에 귀(耳) 닮은 파란 점이 있다 하여 그렇게 명명하였을 것이다. 사실 바닷고기 우럭을 닮았다고는 하지만 실제로는 민물고기 꺽지와 바닷고기 돔을 더 많이 닮았다.

이 물고기는 북미대륙이 원산지고, 세계적으로 이놈을 들여다 민물에 키워 잡아먹기에 이르렀다. 우리나라도 처음(1963년)에 510마리를 들여왔고, 그 뒤에도 계속 내수면 자원증대라는 명목으로 소양호, 청평호 등지에 내다 풀었다. 어언 40여 년이 흘렀으니 일천(一喘)한 역사라 하기도 어렵다. 시간의 켜가 제법 늘었다는 말이다. 그 수가 급속도로 늘어서 토종 물고기를 다 잡아먹는다고 난리를 치기에 이르렀다.

산란기(4~6월)가 되면 수컷이 수심 30센티미터 근방에서 모래나 자갈은 걷어치우고 산란터(산란장)를 만든다. 수컷이 지느러미를 세차게 놀려서 지름 30~60센티미터, 깊이 5~10센티미터 정도의 구덩이를 파고서 달려나가 암놈을 유인하여 그 자리에 산란케 한다. 다른 동물과 다르지 않게 암놈을 쿡쿡 부리로 찍어서(구애행위) 산란을 유도하고, 그 자리에 씨(정액)를 심어 수정시키며, 알이 부화할 때까지 알을 지키는 부성애를 발휘한다. 아무리 아비가 지켜도 알의 일부는 다른 물고기에게 먹히기 마련이라 눈알이 툭 튀어나온 갓 깬 새끼들도 수없이 희생을 당한다. 고스란히 알 모두가 성체가 된다면 파랑볼우럭 천지가 되고 말 것이니, 이렇게 하여 자연스레 개체 조절이 된다.

부화된 새끼는 1년 후에 5센티미터, 4년이 지나면 다 커서 16센티미터쯤 된다. 블루길이 얕은 곳에 알을 낳으면 그해는 비가 많이 오고, 깊은 곳에 산란하면 가뭄 탄다! 자갈로 집을 짓는 어름치도 그 점에서 귀신이라 한다. 일기예보를 하는 물고기들! 까치가 높은 가지에 둥지를 틀면 그해는 홍수가 지고, 거머리가 물통에서 튀어나오거나 쥐들이 난리를 치면 지진이 올 징조고, 초능력을 가진 동물들에서 우리는 한 수 배우지 않을 수 없다.

블루길은 먹새 좋기로도 그 이름을 날린다. 제보다 작은 놈은 닥치는 대로 먹는다. 플랑크톤은 물론이고 새우나 게 같은 갑각류, 다슬기나 물달팽이, 수서곤충, 소형어류 등 동물성 먹이를 죄다 먹어치운다. 먹새가 좋다는 말은 번식력과 적응력이 강하다는 뜻이 아닌가. 사람도 그렇다. 식성 좋은 사람이 힘을 쓰고 궂은일도 잘한다. 그리고 어느 동물이나 고기를 먹는 육식성 동물들은 성질이 포악하고 거친 것이 특징이니, 블루길도 예외가 아니다. 그러니 재래종 물고기들이 맥을 못 추고 이들에게 무참히 당할 수밖에.

그러나 어쩌리. 여러 말 할 필요가 없다. 어떻게 소양호나 팔당에 사는 이놈들을 다 잡아 죽일 수 있겠는가. 댐 물을 다 빼버리지 않는 한 불가한 일이 아닌가. 딴 데서도 말한 기억이 나는데, 우리나라 가물치가 일본 열도로 건너가 휘저으며 설쳐댔고, 샌프란시스코 해안에는 바로 지금 우리 미더덕이 분탕질을 하고 있다. 또 우리나라 재첩이 캐나다와 미국에 이입되어 판을 친다. 그리고 내 땅 동식물 중에서 토종(특산종)이 과연 몇이나 되는가. 다 들어와서 자리 잡고 사는 것이라면 유입된 어류에 대해서 너무 과민해할 일이 아니지 않나 싶다. 황소개구리를 잡아 없애겠다고 생난리를 친 것이 우매하기 짝이 없는 짓이었듯이 말이다. 강과 산(자연)이 그들을 살아도 좋다고 허락한 이상 우리가 어쩌겠는가. 새 식구가 들어오면 일단 생태계에 교란이 있기 마련이고, 시간이 지나면서 안정을 찾게 되는 것. 혼란 (chaos) 뒤에는 반드시 정돈이 따른다.

재미나는 사실은, 소양호에는 블루길이 아주 적고 팔당호에는 많다는 사실이다. 소양호는 깊고 바닥이 산란에 마땅치 않아서 그렇다고 한다. 그런가 하면 소양호에는 여태 없었던 베스가 슬슬 불어나기 시작한다는 보고가 있다. 풍요(豊饒)와 조락(凋落)의 무상함일까. 한쪽이 성하면 다른 쪽은 쇠하고 만다. 아무튼 이것들은 모두 다 낚시꾼들이 일부러 갖다 헤뜨린 것이다. 전국의 호수에 외래종 물고기가 퍼져나간 것은 놀랍게도 거의 다 얼빠진 강태공들이 한 것(짓)이다! 세월을 낚으랬지 누가 고기를 낚으랬나? 낚싯감으로 이 고기를 당할 놈이 없으니, 낚싯줄 끝에 전해 오는 짜릿한 손맛이 으뜸이란다. 그래서 세상에 아무 짝에도 쓸모 없는 놈은 없는 모양이다. 때문에 우리 물고기로 끌어안아야 할 파랑볼우럭이다.

여기다! 바로 여기 이 이야기를 하기 위해, 블루길 이야기를 길게 끌었다 해도 좋다. 블루길 수놈의 교묘한 씨 뿌리기 수법을 보자. 블루길의 성의태(性擬態, sexual mimicry) 행위다. 블루길 수컷은 세 부류로 나눌 수 있다. 첫 번째는 아주 덩치도 크고 잘생겨서 대장질을 하는 놈으로 제 영역을 지키면서 여러 암놈을 거느린다. 두 번째는 첫째 놈의 둘레를 빙빙 돌면서 눈치를 보아 몰래 끼어들어 재빨리 정자를 뿌리고 내빼는 놈(sneaker)이다. 세 번째가 아주 흥미를 끄는 성의태를 부리는 놈(mimic)이다. 이놈은 첫 번째 대장 수놈과 암놈들의 중간 크기에다 색깔도 어중간하여 되레 암놈 행세를 한다. 암놈과 가까이 지내다가 슬그머니 제 유전자를 뿌린다는 것이다. 대장 놈의 눈에

나지 않고 암놈들과는 비슷한 꼴이라 거부당하지 않으니, 불알 잃은 남자, 궁중 내시들의 성의태가 떠오르는 것은 필자의 과민반응일까. 아무튼 교묘하게 흉내를 내어 씨를 뿌리는 물고기에 놀라 감탄사가 절로 나온다! 그런데 정상적인 수컷과 나머지 둘 중 어느 것이 먼저 성적 성숙이 일어나는가 그것이 문제다. 제자인 송호복 박사의 논문에 의하면 예상대로 정상적인 것은 성숙 속도가 느린 반면에 스니커(sneaker)는 3.6배, 미믹(mimic)은 1.7배 순으로 정소 성숙이 빨랐다고 한다. 덩치는 정상보다 작으면서 그것 하나 속성(速成)하는 것은 어느 생물이나 마찬가지다. 못된 송아지 엉덩이에 뿔 난다고 하던가! 못된 벌레 장판바닥에 모로 긴다고 한다.

그런데 블루길 수놈의 부성애는 서양에서도 매한가지다. 송 박사는 미국 미시건 대학에서 블루길을 대상으로 여러 실험을 하였다. 녀석들이 산란기가 되면 호숫가 얕은 곳에다 알을 낳을 둥지를 튼다고 한다. 둥지 근방에서 서성거리며 암놈을 기다리다가 가까이 접근한 암놈을 유인하여 알을 낳게 한다. 수심이 아주 깊어서 둥지를 만들기 어려운 소양댐에 블루길이 기를 펴지 못하는 이유가 바로 여기에 있었다! 그리하여 수정란을 블루길 아비가 지킨다. 아비는 물고기나 물달팽이 등의 침입자를 막고 가슴지느러미와 꼬리지느러미를 살랑살랑 흔들어 물살을 만들어서 알의 발생에 필요한 산소도 공급한다. 보통 2, 3일 후에 부화한 치어는 5일에서 10일 지나 요람을 떠난다. 드디어 아비도 뒤따라서 자유롭게 된다. 애비 되긴 쉬워도 애비답게 되긴 어렵다고 하던가.

그런데 이것과 비길 바 못 되는, 경악할 만한 짝 차지하기 수법을 소개를 한다. 아, 짝짓기가 뭐기에 이렇게 머리에 쥐가 나도록 꾀를 부리는가. 무슨 이런 일이 다 일어난담?!

미국산 뱀(red-sided garter snake) 일종의 짝짓기 작전은 기상천외하여서 앞의 '내시 물고기'를 뺨친다. 이 뱀은 교미 때는 암수 여러 마리가 굳세게 뒤엉켜서 둥그런 큰 공 모양을 하니 이를 교미공(mating ball)이라 한다(다른 뱀도 떼를 지어 뭉침). 그런데 수놈 중에서 16퍼센트 정도는 암놈의 탈을 쓰고 친구 수놈들을 딴 곳으로 꼬드겨 빼내 놓고는, 서둘러 제자리로 돌아와서 암놈을 차지한다니 기막힌 작전이로다. 더럭 전신에 전율이 휘감고 도는구려. 그놈의 사내다운 배포(排布) 하나 부럽다. 암놈 시늉을 하는 이런 수놈을 '쉬 메일(she-male)'이라 한다. 안팎이 정상적인 수놈이면서도 교미 때만 되면 넌지시 암놈의 성 페로몬(sex pheromone)과 똑같은 물질을 뿜어 암놈 시늉을 해 수놈을 홀려 밖으로 끌어낸다고 하니, 참 어안이 벙벙하고 말문이 막힌다. 기막힌 녀석들! 유전자를 많이 남기려는 본능은 모든 생물이 다 똑같다는 말을 여러 번 강조한 바 있다. 아직 우리가 몰라 그렇지, 이보다 더 기상천외(奇想天外)한 교미 작전들을 부리고 있을 터. 그놈의 씨앗이 뭐기에…….

　　생물들 중에는 다른 나라에는 없고 오직 한
나라, 유독 어느 한곳에서만 사는 것이 있으니 이를
특산종 또는 고유종이라 한다. 얼마나 소중하고 귀
한 놈인가. 천상천하유아독존(天上天下唯我獨尊)이
란 이것을 놓고 하는 말이렷다. 그 특산종이 멸종될
가능성이 높아지면 옛날엔 천연기념물이란 이름으
로 보호했으나, 요즘은 위기에 처한 생물이 너무나
허다해 천연기념물이란 말 대신 그저 서양에서 하
듯이 멸종위기종(滅種危機種, endangered species)이라
부르고, 보호를 위해 홍보에 열을 올린다. 이보다 더
해서 머잖아 거개(擧皆)가 멸종될 심각한 위기에 처
한 종을 '심각한위기종(critically endangered species)'으
로 분류한다. 50년 안에 지구의 생물은 다 죽고 5퍼
센트만 남을 것이라는 악담(?)을 하는 학자도 있으

니, 그 재앙이 사람에게 닥치지 않는다는 보장 없고 법 없다.

여기서 다루는 꾸구리도 멸종위기종 목록에 오른 종이다. 풍전등화(風前燈火)라고 해도 과언이 아니다. 바람만 살짝 불면 꺼져버리는 촛불같이, 언뜻 잘못하면 지구에서 영원히 한 생물(종)이 사라지고 만다. 아, 애통한 일이다. 이보다 더 서러운 일이 있는가. 지구상에서 하루에 수백 종이 없어진다니 말이다. 서러운 일이다. 우이송경(牛耳誦經), 쇠귀에 경 읽기라더니만 아무리 경고를 보내도 끄떡도 않는다. 나만 죽지 않으면 된다는 이기심 탓이리라. 허나, 언젠가, 머지않아 네 차례임을 알렸다. 이 바보 같은 인간들아! "손톱은 슬플 때마다 돋고 발톱은 기쁠 때마다 돋는다."고 한다. 손톱이 발톱보다 더 잘 자란다. 그러니 세상사 기쁨보다 슬픔이 더 많다는 뜻이 아닌가. 저 물고기를 살려내야 하는데, 가련하고 슬프지 않게 말이다.

꾸구리는 민물에 사는 물고기로 잉엇과에 속하고, 꾸구릿속(屬)에는 꾸구리, 돌상어, 흰수마자 세 종이 있다. 그 많은 물고기를 닮은 것끼리 묶고, 그 중에서 또 더 엇비슷한 놈들을 모아 이렇게 세 종이 한 묶음이 되니 그것이 꾸구릿속이다. 그러니 어느 것들보다 이 세 종은 서로 아주 유사하다. 치어 땐 정말로 구분하기 어렵다. 갓난아이들이 다 고만고만하고 그놈이 그놈 같은 것과 같다. 이 중에서 돌상어는 남다른 인연이 있는 물고기다. 돌상어의 생태, 발생, 생식 등을 연구하여, 필자의 제자 최재석 군이 박사학위를 받았다.

이 세 종의 공통 특징은 등은 볼록하나 배는 편평하고, 입은 말굽 모양으로 주둥이 아래쪽에 나 있고, 입술은 두껍고 미끈하다는 것이다. 양쪽 입가에 수염이 1쌍 있고, 아래턱에는 3쌍의 수염이 붙었다. 측선이 일직선이고 배지느러미 앞쪽의 복부나 흉부에 비늘이 없는 것도 특징이다.

다음은 꾸구리의 특징만 떼어 보자. 꾸구리는 소형 물고기라서 다 자라도 10센티미터 정도다. 물살이 빠르고 자갈이 많이 깔린 강 상류에만 산다. 물고기마다 사는 환경이 다 다른 것도 참 재미나는 일이다. 어떤 놈은 물살이 느리고 깊은 곳에 사는가 하면 꾸구리는 물의 흐름이 빠른 곳에 살지 않는가. 꾸구리는 수서곤충을 먹고살며 4~6월 사이에 산란을 한다. 암컷이 바닥을 10센티미터 가까이 파고 들어가서 자갈 사이에다 알을 낳는다. 알 낳는 것도 다 달라서 수초에 붙이는 놈, 집을 지어 낳는 놈, 돌 밑바닥에 붙이는 놈 등 천차만별이다. 아무튼 자갈 사이에다 알을 낳아서 다른 물고기가 먹지 못하게 하니 이런 습성도 어미가 한 것과 똑같이 하고 있다. 팡팡 놀아도 알게 된다. 이것은 배워서라기보다는 태어나면서 가지고 나온 본능이다. 알은 낳은 지 3일 만에 부화하고 새록새록 자라서 만 1년이면 성어가 된다. 물고기도 덩치가 작은 놈은 수명이 짧다. 이것과 돌상어의 생활 습성이나 생활사가 별로 다르지 않다.

아무튼 꾸구리는 수염이 모두 4쌍이라고 했다. 보통 고양이처럼 동물의 수염이 하는 일은 외부 자극을 인지하는 일이다. 그러나 이 꾸구리의 수염은 좀 엉뚱하여서, 몸이 물살에 떠내려가지 않게 강바닥을 짚는 일을 한다고 한다. 물의 흐름이 빠른 곳에 살기에 바닥을 수염으로 짚어서 떠밀리는 것을 막는다는 말이다.

그리고 꾸구리의 눈은 특이하다. 보통 물고기는 눈동자가 고정되어 있어서 빛에 대해 특별한 반응을 보이지 않는다. 그러나 이 물고기의 눈동자는 고양이 눈을 닮아 세로로 짜개져 있고, 강한 빛에는 오므려 닫고, 약한 광선에는 펴 연다고 한다. 어류학자들도 이 사실을 어떻게 시원하게 설명을 못 하고 있다. 아무튼 물에 사는 물고기 눈이 고양이 눈을 닮은 것은 이놈뿐이다. 고얀지고.

한 장소에 같이 사는 물고기가 있을 때 이를 공서한다고 한다. 물론 이때는 공생을 말하는 공서가 아니다. 다음 글을 읽어보면 알게 된다. 여느 생물들이 모두 살터를 넓게 잡으려 한다는 것을 우리는 잘 알고 있다. 살터가 넓다는 것은 일터가 넓다는 것이고, 그리하여 먹이를 더 많이 얻고 자손을 더 많이 퍼뜨릴 수가 있으니, 터를 넓히려 드는 것은 역시 모든 생물의 본능에 해당한다. 식물도 다르지 않다. 그런데 어찌하여 한 장소에 물고기 두 종이 같이 산단 말인가.

그런데 꾸구리와 돌상어는 이웃하여 들고 나면서 살고 있다. 여기서 이웃이란 같은 장소를 말하지만, 세밀히 들여다보면 있는 곳이 조금 다르다. 무엇보다 우리가 추리할 수 있는 것은 같은 장소에 살면서 같은 먹이를 먹는다면 절대로 그런 일이 일어날 수가 없다는 것이다. 언제나 어디서나 싸움질은 먹이다툼에서 시작하고 끝을 맺는다. 그래서 이런 사실을 발견한다. 둘 다 죽어서 떠내려오는 곤충을 먹는 육식성이지만, 꾸구리의 입과 돌상어의 입이 다르다는 점, 그리고 같이 살고 있는 것처럼 보이지만 실상은 돌상어가 약간 위(상류)에 모여 산다는 것이다. 꾸구리의 입이 동그랗게 앞쪽으로 나 있는 데 반해 돌상어는 약간 아래로 굽어 있다. 결국 같은 장소에 살고 있어도 꾸구리는 물 표면을 따라 흘러 내려오는 곤충을 먹고, 돌상어는 바닥에 내려앉은 곤충을 집어먹으니 둘이서 먹이를 두고 싸움할 이유가 없다. 얼마나 절묘한 공서인가. 먹는 먹이가 풍부하고 겹치지 않으면 평화롭게 함께 더불어 사는 동물들이다. 요새 와서는 흔한 일이지만, 개와 고양이가 어울려 뒹굴면서 살고, 견원지간(犬猿之間)인 개와 원숭이가 함께 뛰노는 것도 먹이 걱정이 없어 그렇다. 먹이가 뭔지. 그 것이 에너지라, 곧 생명과 직결되기에 그렇다. 우리 삶도 알고 보면 먹는 것 싸움이다. 돈이 에너지가 아니던가. 돈 싸움이 즉 먹이 다툼 이지. 저 산골짝 맑은 여울에서 이들은 이렇게 마냥 먹이 경쟁 없이 평화롭게 살고 있다. 부럽다, 부러워!

먹이 경쟁을 피하는 방법으로 다른 예를 하나 더 들어보자. 특이나 어미와 자식 간의 먹이 다툼 피하기다. 배추흰나비 어미는 꽃의 꿀을 먹는다. 새끼는 뭘 먹는가? 새끼가 배추벌레가 아닌가. 이 애벌레들은 배춧잎을 먹는다. 오묘한 일이로다! 성충과 유충이 먹는 먹잇감이 다 르지 않는가. 나비나 나방 같은 곤충은 이렇게 하여서 종족 번식을 더 늘릴 수 있었던 것이다. 바다의 해파리가 새끼는 한곳에 붙어살지 만 어미는 여기저기 둥둥 떠다니면서 먹이를 찾는 것과 비슷한 예다. 이런 현상을 다형성(多形成, polymorphism)이라 부른다.

꾸구리와 돌상어는 주로 강원도 영서지방, 임진강과 금강 일부에 산다. 이것들도 멸종 직전에 있다니 얼마나 애석한 일인가. 인간의 코 를 꿰어야 할 판이다. 나 죽는다고 저 물고기들이 아비규환, 피 토하 는 고함을 질러대건만 막무가내로 너야 죽든지 말든지 오불관언(吾 不關焉)이다. 말해서 마이동풍(馬耳東風)에다 우이독경(牛耳讀經)이다. 저 생물들을 필히 살려줘야 한다. 가면 오지 못하는 불귀객(不歸客)이 되지 않게 말이다. 제발! 네 목숨을 죄어 온다고 생각해보아라!

다음 글도 꾸구리와 돌상어의 혼서를 떠올리게 하는 예다. 생물이란 어느 하나 서로 다투지 않고 살아가는 놈이 없다. 죽으나 사나 경쟁을 하면서 산다. 먹이경쟁, 살터 경쟁, 암놈 차지하기 등 생존경쟁으로 하루도 조용히 나는 영일(寧日)이 없다. 눈에 보이지 않는 미생물들도 싸우고(세균, 곰팡이끼리도 싸운다), 저 고요한 물 밑에서도 피 터지는 싸움질이고, 고즈넉하여 정적마저 감도는 저 깊은 산골짜기 숲속에도 팽팽한 긴장이 감돈다. 쫓고 쫓기는 죽음의 달음박질이 이어지는 지옥의 이승인 것이다.

사람 사는 것도 매한가지가 아닌가. 가진 놈이 없는 놈을, 배운 놈이 못 배운 놈을, 힘 센 녀석이 약한 놈을 부려먹고 갈취한다. 일언지하에 약육강식이요,

정글의 법칙이 그대로 대입되는 곳이 인간사회다. 부부간에도 잘 들여다보면 서로 잘났다고 뻐기고, 때론 텔레비전 채널 하나를 가지고도 다툰다. 그러니 다툼과 경쟁, 싸움은 언제나 있어 왔고 당연히 연해서 이어질 것이다.

그런데 생물들이, 다투면서도, 어떻게 이를 피하는 방법이 없을까 신경을 쓴다. 한 예로 닭을 보자. 물론 개나 돼지 등 다른 동물도 마찬가지다. 마당에서 노는 여러 마리 닭들에게 모이를 흩뿌려준다. "밥 광주리 안에서 굶어 죽는다."고 하던가. 제일 큰 놈이 가운데 자리를 차지하여 맘껏 쪼아먹고, 작고 힘 약한 녀석들은 주변을 서성거리다가 큰 놈 쪼임을 눈치 빠르게 피해 가면서 몇 톨 주워 먹는다. 그런데 절대로 작은 녀석들은 큰 놈에게 달려들지 않는다. 이미 놈들 사이에는 이기고 지는 계급(hierarchy)이 매겨져 있다(pecking-order). 그 순서를 지키므로 집단 내에서 싸움으로 소비하는 에너지를 줄일 수 있다. 오래 산 부부간에도 암시적으로 이런 순서가 정해져버리지 않는가. 나이 먹으면 남자는 맥 못 쓰고 발치에 웅크리고 주저앉아버린다. 으레 그런 것이다. 늙다리가 된 원숭이 아비도 그렇다더라. 해골이 눈앞에 달려오는 것을 보고 즐기면서(?) 말이다.

그런데 한번 정해진 상하 계급은 여간해서 바뀌지 않는다. 시장에서 새로 장닭을 사 온 적이 있었다. 그런데 집에 키우던 작은 수탉이 텃세를 부려서 그 장닭의 기를 죽여버렸다. 사 온 놈은 새벽녘에 잘도 우는 거의 다 큰 닭이고, 집닭은 이제 겨우 선 울음 우는 중닭 정도로 둘은 차이가 났다. 그런데도 그랬다. 기 싸움이란 이렇게 무서운 것. 인간관계나 부부 사이도 다를 게 없다. 사람 사이에도 천적(?)이 있어서 누구나(당당한 사람인데도) 어느 한 사람에게는 맥을 못 추는 현상이 있다. 그래서 초반전이 중요한 것이로고!

서론이 너무 길어졌지만, 하나만 더 논하고 넘어가자. 제목에 있는 종간경쟁이란 말을 설명하자는 것이다. 같은 종끼리(예로 사람끼리) 다투는 것을 종내경쟁(種內競爭)이라 하고, 다른 종과 종의 다툼을 종간경쟁(種間競爭)이라 한다. 즉, 여기서 논하는 연준모치와 금강모치라는 물고기는 딴 종으로, 서로 다른 종인 이들이 한곳에 살면서 어떻게 경쟁 없이 살아가는가를 보고자 한다. 이 물고기는 겉모양(외형)까지 완전히 서로 다른 종이지만 사는 장소, 즉 생태적 지위(地位, niche)는 같다. 실은, 이 이야기는 현재 박사 과정을 밟고 있는 필자의 제자 백현민 군의 석사 논문을 발췌한 것이라 해도 무방하다.

외형부터 비교해보자. 크기는 두 물고기가 비슷하지만 제 나름대로 특징이 있다.

연준모치[*Phoxinus phoxinus*]는 체형이 긴 편이고, 몸에 굵은 무늬가 세로로 14~17개 있고, 비늘은 아주 작고 얇아서 떨어지기 쉽다. 입 끝은 뭉툭하고, 아래턱이 위턱보다 짧아서 입이 아래쪽으로 치우쳐 있다. 그래서 강바닥이나 돌 표면에 붙은 먹이 먹기에 유리한 구조다(입의 형태가 함께 사는 데 아주 중요한 요인이 됨). 등은 녹갈색이고 배는 은백색이며, 성숙한 수컷은 머리에 뚜렷이 추성(追星)이 생긴다. 추성이란 어류의 이차성징의 하나로, 아가미뚜껑이나 지느러미, 입술 둘레의 살갗이 사마귀처럼 두껍게 돌출한 작은 돌기를 말한다. 산란기에 수컷의 몸색이 예쁘게 바뀌는 혼인색도 이차성징이다. 연준모치는 강원도 삼척 오십천과 정선군의 남한강 상류, 북한 동해안, 그리고 유럽과 시베리아 등지까지 널리 흩어져 산다.

금강모치[*Rhynchocypris kumkangensis*]는 강원도 인제, 평창, 금강 상

류인 무주구천동 계곡, 압록강, 대동강 일부에만 사는 한국 고유종(특산종)이다. 이 물고기에 대한 분류가 까다로워서 이름 붙이는 데에도 많은 혼돈이 있었으나, 북한의 어류학자 김리태가 '금강모치'라고 명명한(1980년) 것을 따라 썼다고 한다. 아무튼 우리나라에만 사는 아주 귀한 금강모치임에 틀림없다. 이것은 버들치, 버들개와 비슷하나 등지느러미 아래쪽에 커다랗고 검은 점이 있는 것이 특이하다. 그리고 주둥이는 큰 편이고, 입이 앞쪽으로 향해 있어서 물에 떠내려오는 먹이를 먹기에 알맞은 구조다.

이 두 물고기는 모두 심산유곡, 물이 찬 계곡에 살면서 주로 수서곤충이나 작은 갑각류를 먹고산다. 산란기도 비슷해 4~5월에 암수가 어울려서 자갈 밑을 파고 들어가서 산란을 한다. 한마디로 이 두 종은 같은 장소에 서식하면서도 서로 경쟁 않고('경쟁을 덜 하고'가 옳은 표현임) 기척 없이 잘 살아간다. 동일한 서식지에 살면서도 활동시간, 공간, 먹이 등의 자원을 적절히 분할(나눔)하여서 종간경쟁을 피해 간다는 말인데, 어려운 말로는 생태적 분리현상을 보인다.

어떻게 생태적 분리를 하는지 구체적으로 보자. 두 종은 같은 장소에서 섞여 사는 혼서(混棲)를 하면서도, 잘 관찰하면 금강모치가 물의 표면 쪽에 치우쳐 살고, 연준모치는 강바닥에 모여 산다. 즉, 공간을 거리낌 없이 나눠 삶으로써 경쟁을 면해 나간다. 그리고 물 흐름 속도와 이것들의 서식 상태를 관찰하여 봤다. 유속이 빠른 곳에 금강모치가, 느린 곳에 연준모치가 살았다. 또 이들은 먹이 섭취도 달랐으니, 유속이 빠른 위쪽에 사는 금강모치는 입이 앞쪽으로 나 있어서 물살을 따라 떠내려오는 먹이나 공중에서 떨어지는 곤충을 잡아먹고, 연준모치는 주둥이가 아래쪽으로 치우쳐 있어서 바닥에 떨어지거나 돌 표면에 붙은 먹이를 먹었다. 어쩌면 이렇게 한 장소에서 같이 살면서도 다툼 없이 살아간단 말인가! 나비 한 마리도 날아다니는 길이 정해져 있어 텃세를 부리는데……. 강물에 사는 물고기들이 함부로, 아무 데나 널려 있는 것이 아니로군. 강가에 사는 놈이 있는가 하면 깊은 곳에 사는 놈, 또 물살이 빠른 여울에 사는가 하면 깊은 소에 사는 놈 등 공간을 잘 나눠 갖고 살아간다. 물고기들이 다투지 않고 살아가는 지혜를 우리는 배워야 할 것이다. 만물은 다 제자리가 있다고 하던가(만물개유위(萬物皆有位)]! 어른 아이, 남편 마누라, 선생 제자, 유식한 놈 무식한 놈, 가진 자 비렁뱅이, 두루뭉술 구별이 안 되는 온통 제 잘났다는 세상, 도대체 뭐냐? 닭새끼, 물고기 보기가 우세스럽다. 막 킬킬, 키들거리는 소리가 귀에 쟁쟁하구나, 병신들이라고! 세구거이(細口巨耳), 입은 작아야 하고 귀는 크게 뜨라는 말이 뭔지 한번 새겨 보시라. "제 흉은 바늘로 보이고 남의 흉은 홍두깨로 보인다."고 하던가.

　　오늘은 아침 일찌감치 강을 따라 멀리 저 아랫동네로 내려간다. 맵찬 바람이 불어도 좋다. 네 사람이 한 조가 되어서 투망, 오리 그물, 고기 담을 양동이는 물론이고 소주에 초간장과 들깻잎도 준비하여, '만선의 꿈'에 젖어 발걸음이 무척이나 가볍다. 내가 오랜만에 태 묻은 고향에 왔다고 특별히 짬을 내어 고기잡이에 나선 것이다. 덩그러니 혼자 객지 생활에 지친 날 위로한답시고. 안창(雁瘡, 기러기가 올 때 나고 갈 때 낫는다는 병)에서 퍼 올린 우정이 아니던가. 그 고마운 죽마고우들이 하나둘 세상을 하직하고 있으니. 주인공 중에서 둘은 갑장(동갑내기)인데 모두, 이미 '형'이 되고 말았다. 먼저 가는 놈이 형이라던가. 언젠가 죽는 것은 다 마찬가지인데. 형들이여, 죽음의 평화를 누리소서. "청명에 죽으나 한

식에 죽으나." 죽긴 왜 죽나 친구들아. 오늘은 두 개의 내일보다 낫다고 하지 않는가. 개똥밭에 굴러도 이승이 좋다. 산 개가 죽은 사자보다 낫고, 사는 것은 금붕어에게도 아름답다 하지 않는가. 아서라, 그래도 이젠 썰물이 좋다. 노을 속에서 사라져 가는 것들의 아름다움을 배우리라. 늙음, 시듦을 어이 피하리.

이 책 어느 구석에도 같은 이야기가 있을 것이다. 지리산 계곡(중산리, 대원사, 뱀사골 등지)의 물줄기가 모여서 덕천강을 이루니, 그 강의 초입에 우리 집이 있다. 그래도 강은 나름대로 웅장한 모습을 갖춰서 폭은 넓어졌다 좁아졌다, 펴졌다가는 굽이지는 곡직(曲直)을 반복하며 흘러가 진주(晉州) 진양호에 다다른다. 이 강에서 나는 멱을 감았고, 다슬기를 잡았으며, 물고기깨나 잡아 죽였다. 덕천강 샛강을 물막이해 물길을 돌려 새끼고기를 잡는가 하면 너럭바위에 여뀌 잎과 줄기를 돌로 콩콩 짓이겨 풀기도 했다. 이렇게 하여 들추어보지 못하는 큰 돌 밑에 숨은 놈들을 잡았다. 여뀌 잎은 맛이 매워 조미료로 썼다고 하는데, 물고기가 죽어나는 독초(毒草)를 먹다니?! 우리는 먹어보지 않아서 잘 모른다. 아무튼 물고기는 여뀌 즙을 조금만 마셔도 맥을 못 추고 배를 뒤집고 둥둥 떠오른다.

작은 돌 많다고 고기잡이 못 하랴. 큰 돌을 집어 치켜들고 세게 돌머리를 내리치면(메방 준다고 한다) 물고기가 충격을 받아 질식을 한다. 보다 더 큰 돌이 있으면 고기들 다니는 길목에 족대를 대고 반대쪽 적당한 곳에서 쇠지렛대로 돌을 치켜 흔들어 들었다 났다 몇 번하면 아무리 배짱 좋은 놈이라도 튀쳐나오지 않을 수 없다. 지독한 뱀장어 놈은 질겨서 몸에 피멍이 들고 짓이겨져서야 탈출을 한다. 전쟁 때 어디서 구했는지 수류탄을 용바위(큰 바위) 아래에 집어넣어 강바닥이 허옇도록 물고기가 떠내려오는 것을 본 기억이 아직 남아 있다. 다이너마이트도(TNT) 심심찮게 터뜨렸으니 전쟁엔 사람만 죽어나는 게 아니다. 들짐승도 물고기도 모진 수난을 당한다. 육이오 사변 때문에 범도 여우, 늑대도 사라지지 않았는가. 아무리 생각해도 싹수머리 없는 고기잡이는 약을 푸는 짓이다. 상류에 푼 청산가리(KCN)가 강따라 흘러내리면서 깡그리 죽여버리니 고기 씨가 마른다. 몰살한다는 말이 어울린다. 한 수 더 떠서 발전기까지 동원하여 전기로, 강한 배터리로 지져 잡기도 했으니 정녕 무법천지가 아니고 뭐란 말인가.

그래도 이런 고기잡이는 신사적이다. 여울을 벗어나 흐름이 느린 강바닥의 돌을 모두 쓸어 모아 여기저기에 돌탑을 쌓는다. 고기들이 어디로 가겠는가. 몸 숨길 곳이란 돌뿐이지 않는가. 하룻밤 지난 다음에 돌무덤 둘레를 그물로 포위하고 돌 하나하나를 되들어서 바로 옆에다 던져 모아 다시 돌담을 쌓는다. 그러면 그 안에 있던 고기를 그냥 쓸어 담는 꼴이 된다. 글을 쓰다 보니 고기 잡는 기술이 쏠쏠하다는 것을 느낀다. 물론 낚시 또한 **빼**놓을 수 없는 것이고. 통발이라는 것이 있다. 여울에 고기가 쉽게 올라오게 길을 터주고는 통발로 들이대는 것이다. 유인하는 것이다. 통발로 들어온 게나 고기는 다시 못 나간다. 그것을 본떠 만든 것이 플라스틱으로 만든 보쌈(어항)이다. 우리 어릴 때의 어항은 커다란 양푼이나 사발이었다. 큰 사발을 보로 덮고 아래를 질끈 매어 묶는다. 그리고 보 가운데 구멍을 똥그랗게 내고 그 둘레에다 된장을 바르고 안에는 밥풀을 으깨어 넣는다. 여울에 많이 갖다 놓는데, 주로 퉁가리나 쉬리가 많이 들었다.

아직도 고기 잡는 방법이 남아 있다. 그물을 강을 가로질러 쳐놓고 하룻밤 지난 다음 아침 일찍 그물을 걷어서 걸린 고기를 따 낸다. 요새는 배가 있어서 깊은 강심(江心)에다 그물을 여기저기 늘어놓는다. 더 있다! 수경을 쓰고 들어가 바위 밑을 샅샅이 뒤진다. 바위벽에 붙어사는 꺽지나 쏘가리가 걸려든다. 팔뚝만 한 쏘가리나 꺽지가 창끝에서 퍼덕거리는 것을 보면서 짜릿한 수렵본능을 느낀다. 내 친구 고(故) 공만석 형은 말 그대로 고기잡이에는 도사요 귀신이었다. 그 사람 앞에서는 물고기가 고양이 앞의 쥐보다 더 벌벌 떤다. 그는 대통에다 뾰족한 창을 장착하였고 손잡이에 방아쇠도 달았다. 물고기를 꼬나보고 손끝으로 방아쇠를 당기면 척! 하고 쑥! 뻗어서 고기의 옆구리를 정통으로 찌른다. 물론 만석 형이 직접 풀무질하여 만든 창이다. 옛날의 작살에 가깝지만 방아쇠를 더한 기찬 무기다. 그때 덤으로 만들어준 것을 나도 하나 가졌지. 물에 둔한 나는 수경잡이를 하지 못했다. 대신 손에 창을 쥐고 조용조용 발소리 안 나게 두 발로 살금살금 걸으면서 강바닥을 노려본다. 요샛말로는 바닥을 스캐닝하는 것이다. 눈으로 바닥을 훑어가는 것이다. 모랫바닥에는 주로 모래무지나 동사리가 엎드려 있다. 이놈들은 여간해서 도망을 가지 않는다. 제 놈들이 아무리 보호색을 띠고 있다지만 내 눈에는 별처럼 또렷이(?) 보인다. 몸을 구부리고 될 수 있는 한 거리를 좁혀서 창끝을 머리통에 겨누고 방아쇠를 당긴다. 탁! 하는 순간 팔뚝만 한 것이 버둥거리고, 내 얼굴엔 긴장과 미소가 돈다.

챙겨 보니 정말 고기잡이도 가지가지로구나. 방금 동사리 잡은 곳의 돌 밑에다 맨손을 넣어서 더듬이질을 하여 고기를 잡는다. 땅꾼이나 심마니가 목표물을 육감으로 찾듯이, 이렇게 보면 고기가 들어 있을 돌이 보인다. 고기가 드나드는 입구를 재빨리 손바닥으로 막고는 손을 돌 밑에 집어넣으면 미끈한 감촉이 와 닿는다. 그 느낌으로 고기의 종류도 알 수 있다. 돌 천장에는 오들오들한 알이 그득 달라붙어 있다. 그 짜릿한 감촉을 아직도 잊지 못한다. 거기에 동사리 수놈이 지느러미 질하여 유속을 만들며 알을 지키고 있는데, 그놈도 사정없이 잡아버린다. 그런데 가끔은 거무스름한 몸색이 아니고 희뿌연 놈이 있었으니 그것이 얼룩동사리였던 모양이다. 동사리의 사투리 중의 하나가 '뚜구리'다. 행동이 뚱하여 재빠르지 못할 때를 비유하는 뚜구리가 집사람 어릴 때의 별명이란다. 이렇게, 어찌 보면 어류를 전공했어도 될 나였는데, 패류(貝類)를 하고 말았다. 닭과 소 말고는 물고기와 가장 친하게 지냈던 내 어린 시절이 아니었던가. 물고기 입장에선 안된 말이지만 말이다.

그믐칠야(漆夜)에도 고기는 잡는다. 몽땅한 대빗자루를 여러 개 모아 끝에다 헝겊을 칭칭 감는다. 그 당시 비싸기 그지없는 석유도 통에 준비를 하고는 밤이 깊어지기를 기다린다. 이때도 양동이는 내 차지다. 어찌 보면 그놈을 이리저리 잡은 사람을 따라다니는 것도 힘이 든다. 줄을 서서 강가를 차근차근 치올라 간다. 몽땅한 빗자루는 지금은 횃불로 바뀌어 있다. 밤이 되면 물고기들이 얕은 곳으로 몰려나와 잠을 잔다. 그러나 이때 메기 같은 야행성 놈들도 졸고 있는 먹잇감을 노려 역시 바깥으로 나와 있다. 누구나 말문은 닫아야 하고 걸음도 살금살금 물소리를 줄여서 걷는다. 눈 먼 고기를 잡는 식이다. 잠을 자던 놈들이 밝은 불빛에 정신을 차리지 못하고 어눌해져 있으니, 거짓말 조금 보태 그냥 주워 담으면 된다. 구수한 민물매운탕 생각에 발 시린 줄도 모르고서. 굶주린 배를 뜨끈한 단백질 국물로 채워 볼 수 있는 절호의 기회! 어렵사리 얻은 기회!

이제 내 경험으로는 다음이 마지막 고기잡이다. 넷이 이른 아침 큰 강으로 간 뜻은? 드디어 두 친구는 오리 그물을 펴면서 강의 양 자락으로 각각 자리를 옮긴다. 꽤나 먼 거리다. 오리 그물이란 굵은 끈에다 중간중간에 일정한 간격으로 얇게 깎은 나무토막을 묶어둔 것이다. 양 끈을 사람이 잡아당겼다 놨다 하면서 강을 거슬러 올라간다. 물속 물고기는 나무토막이 이리저리 움직이면서 올려 채니 그것을 오리(duck)로 보는 것이다. 인간들이 별의 별 머리를 다 써서 물고기를 잡아먹는다. 이것은 얼마나 물고기가 단백질 공급원으로서 중요했던가를 뜻하는 것이리라. 물이 얕은 곳에 다다르면 공 형이 투망을 둘러메고 물고기의 동태를 눈이 뚫어져라 지켜보며, 게걸음을 치면서 움직인다. 그 눈매는 매서워서 매 눈이 되고, 고개는 뻣뻣이 굳어지고…… 긴장감이 팽팽히 흐른다. 드디어 하는 일이 성에 차지 않는지 성깔을 부리기 시작한다. "빨리 빨리, 어서 당겨라!"는 고함이 터져나온다. 반응이 좀 느리다 싶으면 "야, 종근아, 종석아, 임마 어푼, 어푼!" 하고 욕말이 튀어나온다. 옹골찬 종근이도 대꾸 한마디 못 하고, 씩씩 줄 당기기에 바쁘다. 뒷산 자락에 편히 누워 잠들고 있는 공 형의 목소리가 바로 가까이 들리는 듯…… 옴나위없이 휙! 하고 투망이 공중을 가르면서 치마폭을 활짝 편다. 아직도 투망질을 못 하는 필자는 바보다. 철벅철벅 달려가서 투망 끈을 잡아당겨 폭을 오므려 어깨에 메고 물가로 나온다. 이제 내가 바빠질 차례다. 투망 코에서 은빛 나는 피라미 떼가 요동을 친다. 야! 하는 함성이 네 사람 입에서 동시다발로 나온다. 하나하나 투망을 사려 가면서 고기를 떼어 내 쪽으로 패대기친다. 이렇게 잡힌 물고기는 거의가 피라미다. 뜨문뜨문 꺽지나 쉬리가 묻어 나오기도 하지만. 물 담은 양동이에 주워 담기 바쁘다. 피라미가 들고튀는 것을 막기 위해 풀을 뜯어 양동이를 살짝 덮는다. 가리개가 있어야 성질 급한 피라미가 안정을 찾는 것이다. 이 일은 계속된다. 분명히 공 형은 고기가 몰리면서 떼를 짓는 것을 알고 어느 정도 모였을 때 투망을 던지는 것이다. 그런데 점점 강폭이 좁아지는 곳에 이르러서다. 갑자기 피라미들이 물가로 냅다 뛰어나오는 것이 아닌가. 나무토막을 오리로 아는 이 바보 녀석들아! 놀랍게도 스스로 호랑이 입으로 고기들이 달려들다니……. 얼마나 다급했기에 자갈밭으로 뛰어나온담. 펄떡펄떡 뛰는 놈들을 줍느라 내 손이 바빠진다. 바짓가랑이는 이미 물을 흠뻑 먹었고, 훈훈하다 싶던 강바람이 이제는 칼바람이 되어 있다.

양동이 잡이는 가끔 양동이 물을 새 물로 갈아줘야 한다. 수중 산소가 부족하면 성질머리 급한 피라미는 죽어 나자빠진다. 세 친구들로부터 통 먹지 않기 위해서도 짬만 나면 물 갈기다. 잘못하여 몇을 놓치는 일이 있어도 모른 척 묵비권을 행사한다. 알았다가는 벼락이 떨어진다. "오길이 니 바보 아이가, 잡은 고기를……." 고생해 잡은 놈을 도로 보냈다 하면 친구고 뭐고 없다. 떨군 고기가 크다고 하던가. 막장이 되어 가면 모두 다 힘은 빠지고 옷은 물에 몽땅 적셔 신경이 예민해진다.

이제 정해진 강줄기를 모두 다 거슬러 올라왔다. 강가에 자리를 잡고, 양동이의 고기 중에 육질 좋은 놈부터 골라내어 손톱으로 내장을 꾹 눌러 버린 다음에 초장에 슬쩍 찍어 깻잎에 싸서 통째로 꾹꾹 씹어 먹는다. 맛 좋다! 서로 입가에 묻은 고추장을 보며 키득대는 얼굴에 웃음이 가득하다. 우정은 이렇게 나누는 것. 물론 거기에 소주 몇 잔씩을 걸친다. 캬! 권커니 잣거니……. 추위가 도망을 간다. 술은 소화효소가 필요 없는 음식이 아닌가. 씹을 필요도 없다. 들어가자마자 미토콘드리아에서 열과 힘을 내는 신비의 음식. 추위에 이를 덜덜 떨던 우리에게 화기(火氣)를 불어넣어 주는 술, 바쿠스 만세! '몬도카네'가 따로 없다. 이때도 나는 '야코'가 죽는다. 지기(志氣)를 펴지 못한다는 말이다. 내가 공부한다고 객지를 돌아다니는 동안에도 이 친구들은 가끔 이 짓을 하니……. 상대가 되지 못한다. 내가 응달에 자란 콩나물이라면 그들은 야생 콩나무가 아닌가. 난 죽어도 피라미를 그렇게 막 먹지 못한다. 그것을 알기에 보드라운 살점을 칼질하여 준다. 고마운 친구들! 그래도 그것이 목에 잘 넘어가지 않는 것은, 식자우환이라고 간흡충 걱정이 목을 막는 것이다. 덕천강에도 중간숙주 쇠우렁이가 살고 있는지 어떤지 조사는 못 해봤으나, 근래 와서 주변에 더러 그 토질병(土疾病)에 걸린 사람이 있다는 것으로 봐서 전염이 되었다고 본다. 그때는 그런 병에 대해 알지도 못했지만, 못 먹어서 굶어 죽으나 고기 먹고 디스토마에 걸려 죽으나 마찬가지가 아니냐는 것이다. 얼마나 배가 고팠으면, 얼마나 굶주려 살았기에 이런 소리를 막 하겠는가. 시골 사람들이 강에서 얻을 수 있는 단백질은 다슬기와 물고기가 전부였다.

이제 본론인 피라미 이야기로 들어온다. 옛날 속담에도 큰 고기는 안 잡히고 잔챙이만 걸려들면 "피라미만 잡힌다."고 했다. 물론 작다는 의미가 피라미에 들어 있어서, 큰 도둑은 안 잡히고 좀도둑만 잡힐 때도 같은 말을 쓴다. 그런데 피라미만 잡히는 이유가 있다. 우리나라 강에서 살지 않는 곳이 없으니 물고기를 잡았다 하면 피라미가 잡힐 수밖에. 다시 말하지만 분포나 개체 수에서 제일가는 물고기다. 은사님도 글에서, "총 844,530마리 가운데 피라미가 168,381마리로 전체 비율은 19.94퍼센트였고 순위 1위였다."고 적고 있다.

내가 살던 곳에서는 피라미를 '피리' 또는 '생피리'라고 불렀는데, 보나마나 지역마다 사투리가 다 있었을 것이다. 피라미는 다 자라면 15센티미터 가까이 되고, 20센티미터짜리도 흔하다고 하니 결코 작은 놈이 아니다. 하여, 좀도둑만 잡힌다고 피라미에 비유한 것은 잘못이라고 감히 단언한다. 차라리 "피라미 새끼만 잡힌다."고 한다면 맞다. 옆으로 납작하면서 날씬한 몸매에 선명한 은백색이고, 등은 청갈색이다. 감자꽃 필 무렵에 피라미가 강 상류로 몰려와서 알을 낳는다고 한다. 감자꽃이 피는 철이 6월경이니 대략 맞다. 물살이 느리고, 물가 모래나 자갈이 깔린 곳에 알을 낳고 가버린다.

피라미는 북한, 중국, 일본에도 살고 있다. 그런데 피라미도 꺽지처럼 동해안에는 살지 않았으나, 1975년 이후에 사람들이 잡아다 갖다 옮겨놓은 것이라고 한다. 피라미야 어디에 갖다 둔다고 살지 못하겠는가. 1급수에는 살지 못하지만(물이 너무 맑아 먹을 게 없어서) 3급수에서 거뜬히 견디는 종이 아닌가. 피라미는 곤충의 애벌레를 먹기도 하지만 주로 돌에 붙은 조류를 먹는다.

알 낳을 철이 되면 역시 수컷은 전형적으로 화려한 혼인색을 띤다. 머리 밑바닥이 검붉게 변하고, 가슴·배·뒷지느러미는 주황색으로 바뀌고, 주둥이 아래에 새까맣고 좁쌀 같은 사마귀돌기가 빽빽하게 들어찬다. 사마귀돌기는 겉껍질이 두꺼워져서 생긴 것이다. 이차성징은 주기적으로 발정기에만 나타나는 특징으로 어려운 말로 추성이라고 했다.

피라미가 나오면 거기에는 반드시 갈겨니라는 놈이 따라붙는다. 피라미의 학명이 *Zacco platypus*이고 갈겨니는 *Zacco temmincki*다.

즉, 같은 *Zacco* 속에 드니 둘이 빼닮지 않을 수 없다. 그냥 보면 보통 사람은 절대로 쉽게 구별하지 못한다. 옆줄 비늘 수를 헤아려 보면 피라미가 42~45개, 갈겨니가 48~55개라고 하나 그것 또한 헷갈리기는 마찬가지. 크기도 아주 비슷하고 몸색도 그렇고…… 눈에 띄는 큰 차이는 눈에 있다. 피라미는 눈의 홍채에 붉은 줄이 있어서 살아 있을 때는 눈이 붉게 보이지만 갈겨니는 그렇지 않다. 또 하나, 둘 중 갈겨니의 눈이 훨씬 커서 '눈쟁이'라는 점이다. 그리고 피라미는 양쪽 옆면에 10~13줄씩 옅고 붉은 가로무늬가 있지만, 갈겨니는 짙은 자주색 세로띠가 있다. 말이 그렇지 막상 잡아놓아 펄떡펄떡 뛰거나 휙휙 돌아치는 놈들을 구별해 내려면 물고기에 관심을 갖고 시간과 에너지를 투자해야 가능하다. 갈겨니는 피라미보다는 분포나 개체 수로 보아 조금 떨어져서 3위를 차지했다고 하고(3위면 동메달이 아닌가! 야, 대단하다!), 이놈은 피라미보다 예민한지라 1, 2급수에서 우세하다고 한다. 이것은 뭘 말하는가. 즉, 옛날에는 물이 맑고 깨끗했으니까, 금메달이었다는 것을 암시하고 있다. 메달 이야기에 독자들은 은메달은 어느 물고기가 차지했는지 궁금할 것이다. 붕어라고 한다. 그러나 메달은 영원한 것이 못 되는지라 강물이 더러우냐 맑으냐에 따라서 이 순위도 변할 것이다. 사람도 다르지 않다. 제 잘났다고 생각하는 고고(孤高)한 인간들은 1급수에만 산다. 그런가 하면 시궁창 냄새나는 3급수에서도 너끈히 견뎌내는 보통 사람들에 이 필자도 속하리라. 누가 뭐래도 후자가 제 맛을 가지고, 특유한 냄새를 풍기는 사람다운 사람이다.

다움이는 생각이 아주 깊은 아이다. 정다움……. 다움이가 어렸을 적에 엄마는 다른 남자를 만나서 프랑스로 떠나 버렸다. 그래서인지 다움이의 기억 속에서 엄마란 존재는 기억되지 않는 존재이다. 하지만 마음 한구석에는 엄마를 보고 싶고, 사랑하는 마음이 있을 것이다. 다움이는 백혈병 환자다.

다움이의 아빠는 작가다. 아빠는 밤낮 없이 노트북으로 글을 쓰며 빠듯하게 다움이의 병원비를 대고 있다. 이젠 아빠도 너무 지쳐서 포기를 하려고, 다움이를 데리고 산으로 들어간다. 우연히 산속에서 한 노인을 만나는데, 그 노인도 예전에 백혈병에 걸려서 이 산에 들어와 이것저것 약초를 캐 먹다보니 병이 나았다고 한다.

아빠는 희망을 걸고 노인과 함께 약초를 캐러 다닌다. 약초가 워낙 드물어서 고생을 하면서도 다움이의 병이 차츰 나아지는 것을 보고, 그것을 낙으로 삼으며 계속 약초를 캐러 다닌다. 병이 다 나았다고 생각할 즈음, 병이 다시 재발한다. 할아버지도 이젠 어떻게 해 볼 수 없다고 생각한다. 그러던 중 의사로부터 전화가 온다. 병을 고칠 수 있는 방법은 골수이식. 다움이는 또다시 지옥 같은 병원으로 들어가게 된다.

아빠 역시 힘든 다시 일을 시작하고……. 수술비는 자그마치 4,000만 원. 아빠는 이 수술비를 벌지 못할 것을 깨닫고 자신의 신장을 팔기로 마음먹는다. 신장검사를 하러 병원으로 가서 검사를 하는데 결과가 너무도 나빠서 팔 수 없다고 한다. 다움이의 아빠는 마음을 다시 먹고 눈을 팔기로 한다. 4,000만 원을 마련하고, 골수를 준다는 사람도 찾는다. 일본인 여성인데, 다움이에게 골수를 준다고 채식만 한다고 한다. 일본여성이 한국에 와서 다움이에게 골수를 이식한다. 다움이의 건강은 차츰 좋아진다.

허나 다움이의 아빠 건강은 날이 갈수록 나빠진다. 아빠는 결심을 한다. 다움이를 더 이상 데리고 있을 형편이 못 되는 자신의 죽음을 예측한 것이다. 다움이는 엄마를 따라서 프랑스로 떠난다. 다움이의 아빠는 산속으로 들어가 서서히 죽음을 맞이한다.

눈물을 흘리지 않고는 읽을 수 없는 슬픈 소설이다. 이 책을 읽은 분들은 모두 나와 같은 생각을 할 거라고 믿는다. 이 책을 읽고 부모님의 아름답고 위대한 사랑을 다시 한 번 느껴보는 것이 어떨까?

가시고기가 자신의 것을 다 내어주고 더 이상 줄 것이 없을 때 물속에서 산화하듯, 내게도 그런 날이 오면 진정한 한 마리 가시고기가 되리라. 사랑의 눈을 틔워주는 행복한 가시고기처럼.

　조창인의 『가시고기』를 읽고 쓴 독후감 하나를 실었다. 모정의 짙음에만 경도되어 있던 차에, 아버지도 자식사랑을 한다는 것을 뻐기듯 하는 튀는 글에 관심이 가서다. 100만 권 이상이 팔려 '가장 많이 팔린 책'이 되고, 덕분에 가시고기가 그런 물고기라는 것도 알려지고. 가시고기를 연상하였기에 좋은 글이 되었을 것이다. 그리고 어느 책이나 내용도 그렇지만 멋진 제목을 만나야 잘 팔리는 것!

　잠깐 엇길을 다녀왔다. 가시고기는 등(여러 개)과 배 앞뒤(한 개씩)에 뾰족한 가시가 나 있는 것이 제일 특징이다. 비늘이 없는 대신에 몸에 딱딱한 비늘판, 인판(鱗板, bony plate)을 둘러쓰고 있다. 전 세계에 257종이 살고, 민물과 바닷물이 섞이는 기수 녘에 사는 것이 근 40종, 민물에 사는 것이 약 19종, 나머지는 바다에 살면서 기수를 드나든다고 보면 된다. 우리나라에는 5종이 서식하고 있으니, 큰가시고기(three-spined stickleback), 잔가시고기(short nine-spined stickleback), 가시고기(chinese nine-spined stickleback), 두만가시고기(sakhalin stickleback), 청가시고기(nine-spined stickleback)가 그것들이다. 괄호 속 영어를 보면 알 수 있듯이, 큰가시고기가 단지 3개의 등가시를 갖는 데 반해서 나머지는 모두 9개를 갖는다. 그 중에서 큰가시고기 · 잔가시고기 · 가시고기가 남한에 있고, 나머지는 주로 북방계 종으로 북한과 중국 · 일본 등지에 산다. 셋 중에서 큰가시고기는 사는 곳이 가장 광대하여 동남해안으로 흘러내리는 강 입구는 물론이고, 세계적인 분포를 보인다.

　이는 큰가시고기가 아주 적응력이 강하다는 것을 의미한다. 그래서 여기서는 큰가시고기를 중심으로 글을 써 나간다. 큰가시고기는 등짝에 우뚝, 뾰족하고 커다란 가시 3개를 가지고 있기에 '가시고기'란 이름이 붙었고, 그래서 영어로는 'three-spined stickleback'이라 한다. 등의 가시 말고도 아랫배 쪽 가슴지느러미 부위에 큰 가시 하나를, 뒷지느러미 바로 앞에 작은 가시 하나를 가지고 있다. 보통 물고기들은 지느러미에 가시를 숨겨두고 있는데, 이렇게 지느러미와 따로 예리한 가시를 내놓고 있는 것은 아주 드물다. 그래서 말 그대로 가시고기다. 큰가시고기는 우리나라뿐만 아니라 세계적으로 분포한다는 것도 다시 강조해 둔다. 이 말은 이 물고기는 수조에서도 잘 살고 새끼치기도 잘하기에 여러 실험에 많이 쓰이는 아주 좋은 재료라는 말이다.

여기서 우리는 또 다른 엇길로 잠깐 접어든다. 1973년의 생리, 의학 부문 노벨상은 새로운 분야를 개척한 세 명의 동물학자에게 주어졌다. 프리시(Karl von Frisch), 로렌츠(Konrad Lorenz), 그리고 틴버겐(Niko Tinbergen)이 그 주인공들이다. 동물의 습성을 연구하는 '동물행동학(動物行動學, ethology)'이라는 생물학의 신 분야를 연구한 공로를 인정받은 귀한 상이다. 어렴풋이, 개괄적으로 논했던 다윈의 이론을 탄탄한 반석 위에 올려놓은 공을 인정 받은 것이다. 이들의 실험은 연구실이 아니다. 모두 자연 상태에서 일어나는 동물들의 행동을 연구한 것이다. 새들의 각인(刻印), '병아리'로 태어나서 제가 본 가장 큰 물체를 어미로 생각한다는 것이라든지, 벌이 꿀이 있는 위치를 춤을 추어서 알려준다는 것 등 새로운 동물의 행동을 많이 밝혀냈다. 지금까지는 여기저기 널린 신비를 간과하고 있었다.

큰가시고기 곁으로 우리는 다시 왔다. 틴버겐은 동물들의 행동 중에서 고정된(fixed), 판에 박힌 행동(stereotyped behavior)을 눈여겨봤던 것이다. 이것은 본능과는 조금 다른 성질을 말한다. 본능이란 거미가 집을 짓거나 귀뚜라미 암수가 교미를 하듯 연습이나 배움(학습) 없이도 행동하는 것으로, 환경이 바뀌어도 행동은 다르지 않다. 그러나 '판에 박힌 행동'이라는 것은 환경이 달라지면 그 행동도 따라서 바뀌는 것을 의미한다. 아무튼 큰가시고기의 영역 지키기는 판에 박힌 행동의 좋은 예다. 이것 역시 배워서 아는 것이 아니고 태어나면서부터 정해지는 행동이다. 그런 여러 행동 덕에 어떤 자극에 빨리 반응하고, 하여 에너지를 절약할 수 있어 생존에 유리하다는 결론을 내리고 있다.

틴버겐이 실험용으로 쓴 큰가시고기[*Gasterosteus aculeatus*]는 우리나라의 그것과 같은 종(種)이며, 속명 *Gasterosteus*는 가시고기, 종명인 *aculeatus*는 가시를 뜻한다.

만화방창, 드디어 새봄이 왔다. 3, 4월이 되면, 큰 놈은 13센티미터나 되는, 가시고기 중에서 몸집이 제일 커다랗고 가시도 크고 긴 큰가시고기 수컷이 터를 잡는다. 영역을 확보하기 시작한다. 가까이에 다른 수컷이 나타나면 휙휙 몸을 날려 내쫓는다. 텃세를 부린다. 짧은 편에 속하는 주둥이지만 거기엔 예리한 이빨이 나 있어서 공격 무기로 제격이다.

그런데 여태 은색이거나 황금색이던 배 바닥(복부)이 어느새 벌건색으로 뒤덮이고 있으니 산란기(발정기)가 됐다는 증거다. 그 색은 바로 수놈에서만 나타나는 혼인색이다. 암놈 가시고기가 이 색에 혹해서 성적 유혹을 느낀다. 남자나 물고기나, 여느 수컷이나 다 짝 찾을 땐 그래도 맵시를 조금은 낸다! 그러면 큰가시고기 수놈은 무척 바빠진다. 집을 지어야 한다. 아담하고 견고한 집을 지어야 멋쟁이 마누라를 챙길 수 있기에 죽을힘을 다한다. 제일 먼저 주둥이와 가슴지느러미를 써서 바닥의 모래나 진흙을 파낸다. 건물 지을 자리, 지반을 정리·정돈하는 것이다. 대략 10제곱센티미터의 넓이에 깊이 3~5센티미터의 터를 닦는다. 분주히 여기저기를 뛰어다니면서 입으로 보드라운 지푸라기를 물어 나른다. 죽은 수초나 가랑잎, 물풀의 뿌리가 지푸라기다. 그것을 얼기설기 엮어나가다 콩팥에서 분비되는(대소변이 나오는 곳으로 흘려냄) 실 같은 점액을 묻혀서 짚을 잇는다. 최후의 마름질이 거의 끝나는 셈이다. 벽돌을 쌓을 때 시멘트가 바로 끈적끈적한 액이라면, 용케도 물속에서도 달라붙는 강력 본드를 가시고기가 스스로 내뱉는 것이다(이 물질을 벤처 대상으로 삼아 볼지어다!).

빼어난 목수, 카펜터가 바로 큰가시고기다! 이들이 지은 덩그렇고 큰 둥지는 새둥지를 빼닮았다. 아니면 새들이 가시고기의 둥우리를 본떴는지도 모를 일이다. 이렇게 집을 짓는 목적이, 새들이 어미의 체온을 알에 뿜는 데 있다면, 물고기는 알과 새끼를 돌보아 잘 지키려는 데 있다. 아무튼 멀리서 바라보면 드넓은 강바닥 여기저기에 몽골인들의 몽골포(게르)를 닮은 집들이 즐비하게 우뚝우뚝 솟아 있다. 2~3개/제곱미터, 즉 1제곱미터 면적에 집 두세 채가 봉긋하게 들어선다. 사막의 선인장이 정한 거리를 두고 나듯이 이들의 집 간격 또한 자로 잰 듯 일정하게 유지하는 것은 불문가지, 물어볼 필요가 없다. 게르는 입구가 하나지만, 이 집은 입구와 출구가 따로 있다. 물론 입구는 좀 크지만 출구는 있는 듯 없는 듯 작다. 다른 물고기의 접근을 가능한 한 줄여야 하기에 그렇다. 둥지 안은 그렇게 넓지 않고 큰가시고기 한 마리가 들어앉을 정도다.

여기서 잔가시고기의 집 짓기를 잠깐 얘기하자. 큰가시고기는 집을 바닥에다 짓는다고 했다. 그런데 잔가시고기는 큰 수초 줄기를 기둥 삼아 바닥에서 50센티미터 되는 근방에다 집을 지으니 말 그대로 '수중 새집'이다. 바로 옆 갈대밭에서 지저귀는 물새 개개비가 갈대 사이에 지은 집이 물에 잠긴 듯하다고나 할까. 가시고기 하나도 개성이 다양하여 건축술이 각각 다르니 남이 나와 같기를 바라지 말아야 할 것이다.

기회는 기다리는 사람에게만 온다. 이제 큰가시고기 수컷이 암놈을 초대, 모시고 와야 할 차례다. 집이 완성되었기에 말이다. 물론 딴 수놈이 근방(반경 50센티미터)에 나타나기만 하면 벼락이 떨어진다. 눈에 불을 켜고 설쳐댄다. 부리로 사정없이 받아버린다. 몸의 가시는 평소엔 누워 있지만 적이 공격하면 버쩍 세워서 방어 무기로 쓴다. 여러 개의 창(槍)을 가진 무서운 물고기! 헌데 수놈에 따라 집을 잘 짓는 귀신도 있지만 등신도 있어서 집이 크거나 작고, 모양새도 다 다르다. 그래서 암놈들은 이 집 저 집 기웃거려보고, 집 안에 들어가서 벽을 툭툭 쳐보기도 하고, 바닥을 쿵쿵 다져보기도 한다. 사람이나 가시고기나 수놈의 팔자는 똑같다. 암놈이 수놈의 재력(財力)을 중시하니 말이다.

돈 없고 백 없으면 맥을 못 추는 것이 물속에도 다르지 않다. 오직 돈만이 위력을 발휘하는 세상이다. 수컷들은 날렵하게 몸을 날려서 암놈들을 영역 안으로 불러들이고, 집 입구까지 갈지(之, zig-zag)자로 춤추면서 안내를 한다. 암놈 한 마리가 드디어 주둥이를 치켜 밀고 집으로 들어가 앉았다. 아, 성공이다. 이제 장가를 가는구나. 이게 꿈이냐 생시냐, 허벅지를 꼬집어본다. 아늑한 알 터에 자리 잡은 암놈은 산란을 준비한다.

　수놈은 방안에 들어간 암놈을 지키면서 동정 살피기를 게을리 하지 않는다. 초긴장 상태란 말이 딱 들어맞는다. 그러면서 수놈은 밖에 걸쳐 있는 암놈의 꼬리지느러미를 연신 콕콕 찔러댄다. 일종의 구애 행위이다. 찔러 자극을 주므로 산란이 촉진된다. 미꾸라지나 메기가 암수 서로 몸을 휘감아 죽도록 죄고 비틀기를 하는 데 비해 이것들은 아주 점잖게 스킨십을 한다. "어서 알을 낳아라, 난 종자를 뿌릴 준비가 다 됐다."는 신호다. 드디어 알을 낳기 시작한다. 알을 다 낳은 암놈은 들어온 입구 반대쪽으로 머리를 밀어서 둥지 밖으로 나가버린다. 수놈은 촌각의 시간도 놓치지 않고 달려들어 알 위에다 제 씨를 뿌린다. 어려운 말로 방정한다.

　알을 다 낳은 어미는 진이 다 빠져버려 맥을 잃고 몇 시간 안에 근방에서 죽어버리고 만다. 다른 남자를 만나 프랑스로 떠나는 엄마가 있는가 하면, 이렇게 사랑을 쏟아붓고 생을 마감하는 가녀린 물고기가 있더라! 꽃답고 애틋한 정을 방정(芳情)이라 한다. 큰가시고기 암놈의 죽음을 '지순한 방정'이라 불러도 좋을지 모르겠다. 석양 속에서 사라짐의 아름다움을 배운다고 했다. '죽어가는 재미'가 그 속에 있는 것이리라. 이 물고기 어미의 죽음에서 우리는 뭘 느껴야 하겠는가. 멋있게 사라지는 큰가시고기 암놈에서, 자는 잠에 죽었으면 하는 소원을 대신해준, 죽음의 행복감을 느낀다. 제자리에 마냥 머물러 있는 것은 없다.

　암컷 한 마리가 보통 450여 개의 알을 낳는다. 그런데 둥지 속에 물경 2,600여 개의 알이 수북이 쌓여 있다면 이건 뭘 말하는가. 알의 직경은 1.7밀리미터로 아주 작은 편이다. 이것은 여러 마리, 최소한 6마리의 암놈을 불러들여서 알을 낳게 했다는 것을 의미한다. 물론 힘약한 수놈은 그보다 못할 것이고 더 센 놈은 더 많은 암놈을 거느렸을 것이고.

이제 수놈이 알을 책임져야 한다. 꿈꿀 시간도 없다. 일 주일 후 알이 깰 때까지 아비는 밤낮을 가리지 않고 입과 가슴지느러미를 흔들어서 물의 흐름, 수류를 일으킨다. 수정란이 커가는 데는 해맑은 산소가 보다 더 요구된다는 것을 이들은 다 알고 있다. 그뿐인가. 백혈병에 걸린 새끼에게는 약초를 캐다 먹여야 한다. 콩팥은 강력 본드 생산에 이미 망가질 대로 다 망가졌으니 눈알을 빼다 팔기도 해야 한다. 잡아먹으려 드는 '밤이슬 맞은 놈'들을 막는 것도 힘이 든다. 새끼들이 나올 즈음이면 수놈의 몸은 마를 대로 마르고, 기운도 달리고 다리도 풀린다. 혼인색도 퇴색하여 형편없는 몰골로 산란장 근방에서 그만 죽고 만다. 삶의 끈을 끊어버리고 홀연히 죽음을 맞이하러 산속으로 들어간다. 『가시고기』에서도 아비는 몸까지 주어서 자식 사랑을 했다고 썼다. 일 주일 전에 종명한 삭아 문드러진 어미의 살인들 뜯어먹지 않겠는가. 여태 심장의 피가 식지 않은 아비의 살점…… "내 육혈(肉血)을 한껏 먹어라, 잘 크거라. 건강하렷다, 내 새끼들아." 아무래도 먹힐 몸이라면 자식에게 주는 것을 바랐을 것이다, 가시고기도 말이다.

어미 아비 살 받아먹고 자라나는 새끼(치어)들은 길 떠날 준비에 바빠진다. 동물성 플랑크톤을 잡아먹고 자라기 시작한다. 부화하면 몸길이가 5~6밀리미터에 이르고, 이제는 바다로 내려가야 하기에 분주해진다. 7월이 되면 강이나 기수 지역엔 새끼 물고기가 채집되지 않는다고 하니, 그 이전에 바다로 다 내려간 것이다. 먹을 것이 무진장인 바다에서 1, 2년 나면서 후딱 자라서 제가 태어난 강으로 다시 올라와서 알을 낳는다. 큰가시고기도 모천으로 회귀를 한다.

　이제 여태 미뤄뒀던 틴버겐의 큰가시고기 실험관찰 이야기를 덧붙일 차례다. 노벨상을 안겨다준 큰가시고기가 아니던가. 큰가시고기 관찰에 혼이 홀딱 빠져버린 틴버겐은 날밤을 새우며 산란기 수컷의 행동에 신경을 썼다. 과연 무엇에 자극되어서 둘레를 서성거리는 다른 수놈을 쫓는 텃세를 부리는 것일까. 저 배 바닥에 생겨난 혼인색이 반응을 일으키는 자극(triggering stimulus)이 아닐까 싶어서 여러 실험을 한다. 진흙으로 여러 모양의 가시고기를 만들어 색칠도 해봤다. 제일 먼저, 큰가시고기와 똑같은 모양을 만들어 가까이 놔뒀더니 예상과는 달리 전연 공격을 하지 않았다!? 물론 이것은 복부에 붉은 색칠을 하지 않았으며, 발정기의 가시고기가 아니었다. 그렇다면 색깔이 자극이 아닐까? 아나나 다를까. 붉은 색깔이 자극이라는 것을 알게 된다. 큰가시고기 모양과 전혀 다른 여러 가지 모형을 만들고 모두 아래 반쯤 붉은 칠을 해서 코앞에 놨더니 하나같이 대들어 물어뜯는 게 아닌가. 수조에 키우던 수컷이 붉은색 우편물 차 지나가는 것에도 예민하게 공격자세를 취하는 것이 관찰되었다고 한다. 붉은색만 보면 눈이 뒤집힌다?

　결국 큰가시고기의 판에 박힌 행동은 혼인색에 자극되어서란 사실을 알게 된다. 이것 말고도, 영국에 사는 로빈(robin)새를 대상으로 한 실험에서도 같은 결과를 얻는다. 여러 새 모형 중에서 가슴에 붉은색이 있는 놈을 골라 수컷들이 공격을 하더라는 것이다. 새 자체가 아닌 붉은색에 자극을 받아서 공격이라는 반응을 일으키는 것은 큰가시고기와 같았다. 하여, 틴버겐과 프리시, 로렌츠는 동물행동학이라는 새로운 생물학의 영역을 개척한 공로로 큰상을 받았다.

　큰가시고기가 노벨상을 붙들고 있었구나. 동물을 바라보는 사람의 시각(時角)과 시계(視界)를 넓혀준 것이다. 이것도 생물학의 진화다. 역시 바뀌지 않는 것이 없다. 제행무상이라!

권오길

경남 산청에서 태어나 진주고교, 서울대 생물학과 및 동 대학원을 졸업하고, 수도여중
고, 경기고교, 서울사대부고 교사를 거쳐 지금은 강원대학교 생물학과 교수로 재직 중
이다.
청소년을 비롯해 일반인이 읽을 수 있는 생물 에세이를 주로 집필했으며, 글의 일부
가 현재 중학교 2학년 국어 교과서에 실려 있기도 하다. 강원일보 칼럼에 "생물 이야
기"를 연재하기도 하는 등 지면과 방송을 통해 과학의 대중화에 힘쓰고 있다.
2000년 춘천문화예술회관에서 거행된 제6회 "강원도민의 날" 기념식에서 '제42회 강
원도 문화상 학술상'을 수상했으며, 2002년 간행물윤리위원회의 '저작상'을 수상했다.
그리고 2003년에는 대한민국과학문화상을 수상했다.

저서

『생물의 다살이-개정판』(지성사, 2003)
『꿈꾸는 달팽이-개정판』(지성사, 2002)
『생물의 애옥살이』(지성사, 2001)
『인체기행-개정증보판』(지성사, 2000)
『하늘을 나는 달팽이』(지성사, 1999)
『바다를 건너는 달팽이』(지성사, 1998)
『개눈과 틀니』(지성사, 1997)
『생물의 죽살이』(지성사, 1995)
『신 한국 원색 패류 도감』(공저, 도서출판 한글, 2001)
『한국의 동물 : 연체동물1』(공저, 생명공학연구소, 1999)
『생물의 세계』(웅진출판사, 1999)
『강원의 자연 연체동물편』(강원도교육위원회, 1995)
『원색한국패류도감』(아카데미서적, 1993)
『한국 동식물 도감-연체동물편』(문교부, 1990)

l 하늘을 나는 달팽이

국판변형 l 304쪽 l 12000원
한국출판인회의 선정도서

생태계는 수십만 개의 부속품이 조화를 이루며 날아가는 비행기와 같다. 작은 나사 하나만 빠져도 비행기가 뜨지 않듯이 생태계도 그렇다. 생태계 안에서 귀중하지 않은 건 없다. 이 책은 사람과 자연이 더불어 살아가야 함을 새삼 일깨우며 사람과 사람, 사람과 자연 간의 상생의 삶을 강조한다. 세균이라는 미생물부터 우주선 안의 생물까지 다룬 소재가 다양하다.

l 바람에 실려 온 페니실린

국판변형 l 272쪽 l 12000원

이 책은 생명의 처음과 끝인 세포이야기다. 하나의 세포 속에는 우주의 역사가 들어있고 그 흔적이 들어있으니 '세포는 우주다'라는 명제가 증명된다. 실타래처럼 얽힌 단세포 생물들과 인간의 관계를 권오길 교수는 특유의 재치와 위트로 쉽게 풀어냈다.

l 바다를 건너는 달팽이

국판변형 l 224쪽 l 12000원
한국과학문화재단 추천도서 l 경영자독서모임(MBS) 선정도서

생에 대한 집착은 인간을 영악하게 만든다. 그것은 다른 생물들도 마찬가지다. 열무, 배추, 시금치를 함께 심어보라. 좀더 기름지고 넓은 터를 차지하려고 서로 안간힘을 쓴다. 마늘은 어떤가. 단지 제 몸을 보호하려고 냄새를 피운다. 이 책은 기상천외한 동식물들의 생존 전략에 관한 이야기다.

l 생물의 죽살이

국판변형 l 256쪽 l 12000원
한국과학문화재단 추천도서

이 책은 제목 그대로 생물들의 죽음과 삶에 얽힌 이야기다. 모든 생물들은 저마다 생존을 위한 독특한 전략을 갖고 있다. 그들 세계에서 인간이 배울 점은 '겸손함'이다. 지구에 자신만은 살아남으리라 믿는, '오만함'을 버리는 것이다. 사람 역시 자연의 일부기에 그렇다.

l 생물의 애옥살이

국판변형 l 272쪽 l 12000원
한국간행물윤리위원회 청소년 권장도서 l 우수환경도서

자연 속에서는 인간도 동물에 불과하며, 인간이 자연의 주인공이 아니라 다른 생물들과 함께 자연이라는 주인공을 빛내는 조연일 뿐임을 생물들의 삶을 통해 보여준다.

┃생물의 다살이
국판변형 ┃ 256쪽 ┃ 12000원
한국과학문화재단 · 한국간행물윤리위원회 추천도서

평생 남의 피만 빨아야 하는 숙명을 가진, 그리하여 기생충처럼 무시당하는 흡혈박쥐도 굶주린 동료를 살리려고 제 피를 토한다. 감히 만물의 영장인 우리네 마음을 짠하게 울리는, '되바라진' 동식물 이야기!

┃꿈꾸는 달팽이
국판변형 ┃ 280쪽 ┃ 12000원
한국간행물윤리위원회 저작상 수상 ┃ 한국독서능력 검정시험 대상도서 선정

'생물 에세이'라는 독특한 분야를 처음 개척했던 권오길 교수의 첫 에세이이자 도서출판 지성사의 첫 번째 책이다. 느낌이 있는 책, 감동을 주는 책이 과학책에서도 가능하다는 것을 보여준다.

┃달과 팽이
국판변형 ┃ 240쪽 ┃ 12000원

물달팽이는 강가나 연못에 흔하다. 그러나 큰마음 먹고 물 속을 들여다보지 않는 한 좀체 이 녀석들과 대면할 수 없다. 사실, 볼 수 없는 게 아니라 보지 않는 것이다. 그 작은 세계에서 물달팽이는 이름 없는 숱한 '노바디' 중 하나이기 때문이다. 누구 하나 자신들을 거들떠보지 않는데도 녀석들은 '충직하게' 하루하루를 살아낸다. 그것이 자연의 뜻임을 알아서다. 물달팽이는 껍데기가 연하고 얇아서 자칫 조금만 잘못 건드려도 껍데기가 쉬 바스라진다. 그러나 이 '유약한' 미물이 존재하지 않았다면 물새들도 살아남지 못했으리라. 이것이 이 미물이 존재하는 이유다.

┃인간의 친밀 행동
데스몬드 모리스 지음 ┃ 박성규 옮김 ┃ 신국판(삼판) ┃ 336쪽 ┃ 13,000

인간은 왜 타인과 접촉하는가? 왜 접촉하고자 욕망하는가? 왜 접촉에 약한가?
친밀이라는 말은 가깝다는 것을 의미하며, 친밀 행위란 두 사람 사이의 육체적인 접촉을
가리킨다. 사람이 서로 몸을 밀착할 때에는 반드시 무엇이 일어나는데, 모리스가 말하고자
하는 것은 바로 이 무엇, 즉 보디 터치(body touch)의 본질과 그를 향한 욕구다. 데스몬드 모
리스는 『털 없는 원숭이 The Naked Ape』에서 동물행동학과 생태학을 적용한 인간론을 전
개하여 세계적으로 화제가 되었다.

┃신갈나무 투쟁기
차윤정 · 전승훈 지음 ┃ 신국판변형 ┃ 256쪽 ┃ 15,000원
과학기술부 인증 우수과학도서, 한국독서능력 검정시험 대상도서 선정

우리나라 숲의 주인공으로 자리 잡고 있는 신갈나무의 탄생과 성장, 그리고 죽음에 이르
기까지 한 나무의 일대기를 바탕으로 식물 전반에 대한 이해를 돕고 있다. 나무의 탄생과
죽음, 그 긴 세월의 마디마디에 담겨 있는 자연의 엄혹한 질서, 그리고 그들의 숙명적 삶
을 이해하게 된다면 이제 우린 나무와 하나가 된다.

┃어느 인문학자의 나무 세기
강판권 지음 ┃ 신국판변형 ┃ 256쪽 ┃ 13,000원
한국출판문화진흥재단 추천도서, 인문사회과학출판영업인협의회 추천도서

저자는 나무를 통해 역사를 해석하려는 새로운 시도를 펼치고 있다. 나무에 깃든 사연을
더듬어 가다 보면 어느덧 인류의 기나긴 정신사적 궤적을 읽을 수 있다. 그래서 그는 오늘
도 학교 교정에서, 동네 어귀에서, 답사의 길목마다에서 한 그루 한 그루 나무를 세고 있
다. 이 책은 그의 '나무 세기에 관한 보고서'이다.